室内设计
节点工艺构造手册
地面

锦唐艺术　编著

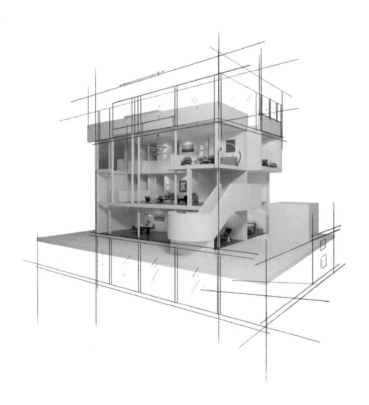

辽宁美术出版社

图书在版编目（ＣＩＰ）数据

室内设计节点工艺构造手册. 地面 ／ 锦唐艺术编著
. —沈阳 ：辽宁美术出版社，2023.1

ISBN 978－7－5314－9199－6

Ⅰ．①室… Ⅱ．①锦… Ⅲ．①住宅－地面－室内装饰
设计－手册 Ⅳ．①TU241－62

中国版本图书馆CIP数据核字(2022)第100503号

出 版 者：辽宁美术出版社
地　　址：沈阳市和平区民族北街29号　邮编：110001
发 行 者：辽宁美术出版社
印 刷 者：北京军迪印刷有限责任公司
开　　本：889mm×1194mm　1/16
印　　张：16
字　　数：180千字
出版时间：2023年1月第1版
印刷时间：2023年1月第1次印刷
责任编辑：严赫
版式设计：理想·宅
封面设计：理想·宅
责任校对：郝刚
ISBN 978－7－5314－9199－6
定　　价：1980.00元（全六册）

邮购部电话：024－83833008
E－mail：lnmscbs@163.com
http：//www.lnmscbs.cn
图书如有印装质量问题请与出版部联系调换
出版部电话：024－23835227

目 录 CONTENTS

1

自流平类地面节点

自流平类地面是一种加水稀释后而变成自由流动浆料，能在地面上迅速展开，从而获得高平整度的地坪。主要用于教室、医院、办公室、停车场、工厂等公共空间中。由于自流平无缝、美观等优点，前两年比较流行使用在居住空间中，但自流平容易出现开裂、色差等质量问题，非常考验施工人员的技术，通常作为找平层存在于居住空间当中。

自流平类地面根据使用材料不同，可分为水泥基、聚氨酯、环氧树脂、石膏基和水泥基—环氧树脂/聚氨酯复合型自流平地面五种类型，其中环氧树脂、水泥基自流平是最为常见的两种类型，同时根据表层及基层的材质不同，水泥可分为普通水泥基、抛光水泥基以及夯土基层水泥基自流平地面。本章重点讲解不同的装饰面层的铺贴工艺。

1.1
环氧树脂自流平地面

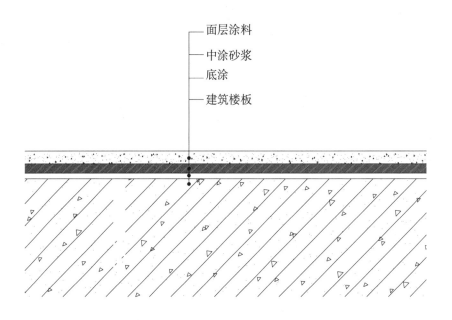

面层涂料
中涂砂浆
底涂
建筑楼板

环氧树脂自流平节点图

扫 / 码 / 观 / 看
"环氧树脂自流平地面"
三维节点动图

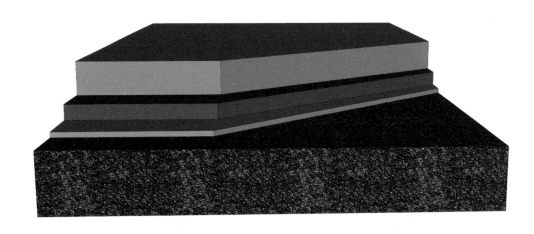

环氧树脂自流平三维示意图

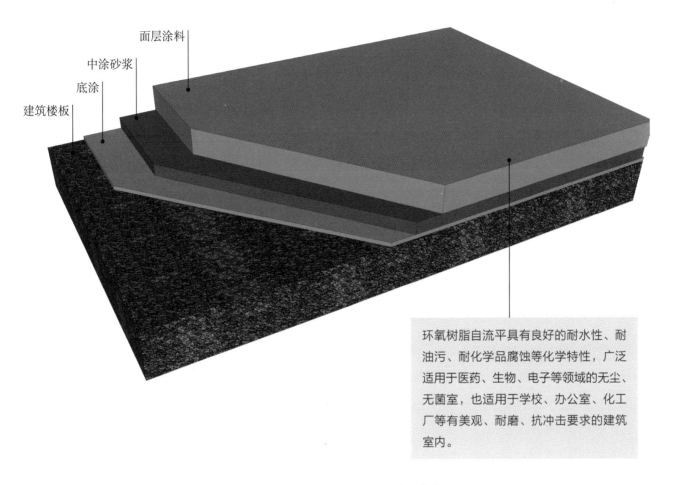

面层涂料
中涂砂浆
底涂
建筑楼板

环氧树脂自流平具有良好的耐水性、耐油污、耐化学品腐蚀等化学特性，广泛适用于医药、生物、电子等领域的无尘、无菌室，也适用于学校、办公室、化工厂等有美观、耐磨、抗冲击要求的建筑室内。

环氧树脂自流平三维示意图解析

/ 环氧树脂自流平的施工条件及要点 /

① 严格控制热（火）源，基层温度宜高于 5℃，环境湿度小于 80%。

② 采取防尘、防虫、防污染等措施。

③ 基层应做断水处理，或涂刷防潮环氧树脂底料。

④ 基层含水率应 ≤ 9%，PH 值 ≤ 10。

⑤ 平整光洁、色彩一致，无明显色差，无气泡、杂物、凸起、凹陷、针孔、裂缝、剥离等不良状况。

工艺解析

第一步：清理基层

一般毛坯地面上会有凸起的地方，需要将其打磨掉。一般需要用到打磨机，采用旋转平磨的方式将凸块磨平。

第二步：涂刷底涂

在基层表面清理完毕后，需要在地面上涂刷地面涂料，即底涂层，用滚筒均匀地滚涂，门边、墙角等边角位置用毛刷刷涂。

底涂的厚度一般为 150μm

第三步：中涂砂浆

待底层半干后，用批刀整体满刮 1~2 遍，待固化后，打磨批刀痕等缺陷处，并清理干净。

第四步：配制自流平浆料

将环氧树脂自流平涂料与 1.5~2 倍的石英砂混匀，加水调节施工黏度。

第五步：浇注

将自流平浆料浇注在砂浆层上，对面层上存在的凹坑进行填补。

自流平层一般厚 1.5mm~3mm

第六步：刮涂面层

2~4 小时后涂刷面层，将环氧树脂漆充分搅匀，添加水调节施工黏度，刮涂面层后，在 20 分钟内采用专用滚筒消泡，完成平面。

环氧树脂自流平颜色多样，根据不同的室内空间选择相应的颜色，黄色与幼儿园的氛围相符，使空间充满童趣。

环氧树脂自流平-地面实景效果图

1.2
水泥基自流平地面

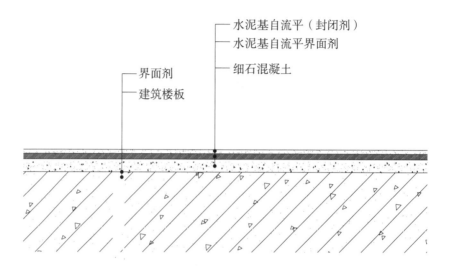

水泥基自流平（封闭剂）
水泥基自流平界面剂
细石混凝土
界面剂
建筑楼板

水泥基自流平地面节点图

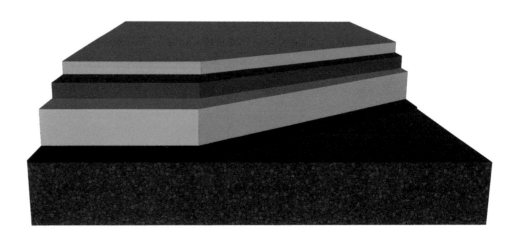

水泥基自流平地面三维示意图

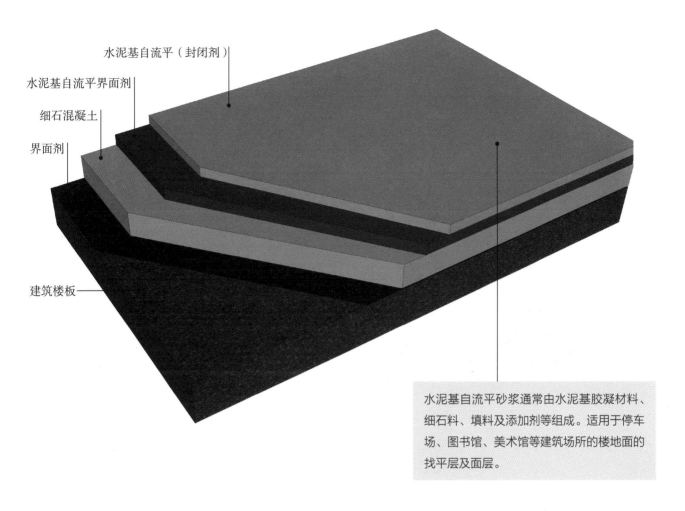

水泥基自流平（封闭剂）

水泥基自流平界面剂

细石混凝土

界面剂

建筑楼板

水泥基自流平砂浆通常由水泥基胶凝材料、细石料、填料及添加剂等组成。适用于停车场、图书馆、美术馆等建筑场所的楼地面的找平层及面层。

水泥基自流平地面三维示意图解析

/ 水泥基自流平的施工条件及要点 /

① 环境温度及基层温度 10~25℃，环境湿度小于 80%。

② 基层和环境的清洁，无干扰、不间断。

③ 清理、平整基层，均匀涂刷底料，均匀拌和浆料，消除气泡。

④ 微表面整平（厚度 ≥ 2mm）；一般表面整平（厚度 ≥ 3mm）。

⑤ 标准全空间一体整平（厚度 ≥ 6mm）；严重不平整基体整平（厚度 ≤ 10mm）。

工艺解析

第一步：清理基层

将毛坯地面磨平后，对整体地面进行拉毛处理，增加水泥自流平与地面的接触面积，以防空鼓。基层表面处理完毕后，用大型工业吸尘器吸尘。

第二步：涂刷界面剂

刷界面剂可以封闭基层，防止产生气泡。

第三步：混凝土找平

采用标号为 C25 的细石混凝土对地面进行找平，以此保证底面的平整度。

细石混凝土层一般厚 50mm

第四步：涂刷自流平界面剂

涂刷界面剂可以让自流平水泥更好地与地面衔接，最大限度地避免出现空鼓或者脱落的情况。

第五步：配制自流平

用自流平底涂剂按 1∶3 的比例兑水稀释封闭地面，混凝土或水泥砂浆地面一般涂刷 2~3 遍。如果地面轻度起砂，可以将乳液稀释到 5 倍，连续涂刷 3~4 遍，直到地面不再吸收水分即可施工自流平。

第六步：浇自流平

倒自流平水泥时，观察其流出约 500mm 宽范围后，由手持长杆齿形刮板、脚穿钉鞋的操作工人在自流平水泥表面轻缓地进行第一遍梳理，导出自流平水泥内部气泡并辅助流平。当自流平流出约 1000mm 宽范围后，由手持长杆针形辊筒、脚穿钉鞋的操作工人在自流平水泥表面轻缓地进行第二遍梳理和滚压，提高自流平水泥的密实度。

第七步：辊筒渗入

推干的过程中会有一定凹凸，这时就需要用辊筒将水泥压匀。如果缺少这一步，就很容易导致地面出现局部的不平整，以及后期局部的小块翘空等问题。

第八步：完工养护

施工完成后需要及时对成品进行养护，必须要封闭现场 24 小时。在这段时间内需要避免行走或者冲击等情况出现，从而保证地面的质量不会受到影响。

水泥基自流平地面实景效果图

水泥基自流平地面无缝且美观，非常适合工业风使用。

1.3
抛光水泥基自流平地面

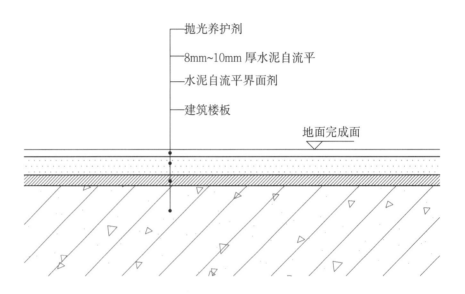

抛光养护剂

8mm~10mm 厚水泥自流平

水泥自流平界面剂

建筑楼板

地面完成面

抛光水泥基自流平地面节点图

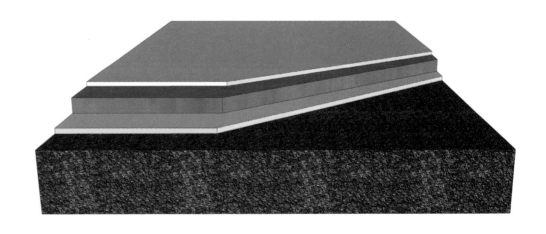

抛光水泥基自流平地面三维示意图

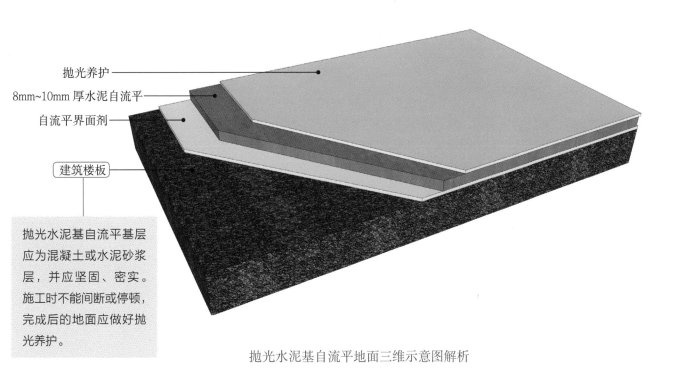

抛光养护

8mm~10mm 厚水泥自流平

自流平界面剂

建筑楼板

抛光水泥基自流平基层
应为混凝土或水泥砂浆
层，并应坚固、密实。
施工时不能间断或停顿，
完成后的地面应做好抛
光养护。

抛光水泥基自流平地面三维示意图解析

工艺解析

将混凝土建筑楼板磨平后，对整体
地面进行拉毛处理，增加水泥自流平与
地面的接触面积，以防空鼓。基层表面
处理完毕后，用大型工业吸尘器吸尘。

按照比例将水泥与水
搅拌均匀，浇注到界面剂
上，用辊筒压匀，减少气
泡，保证其平整度。

**第一步
定高度、弹线**

**第三步
浇筑水泥自流平**

**第二步
涂刷界面剂**

**第四步
抛光养护**

涂刷两遍界面剂，增
加基层和水泥自流平的黏
合力，防止空鼓。

自流平完成后，关闭门窗
避免风吹，养护 7 天后对自流
平表面进行固化抛光。

抛光水泥基自流平地面实景效果图

抛光水泥基自流平地面可以
根据颜色的深浅及自流平滚
压的方式，形成多种纹理，
为空间增加层次感。适用范
围广，不管是家居空间还是
公共空间都较为适用。

1.4
夯土基层水泥基自流平地面

- 水泥基自流平（封闭形）
- 水泥基自流平界面剂
- 50mm 厚 C25 细石混凝土
- 水泥砂浆内掺建筑胶一遍
- C15 混凝土垫层
- 0.2mm 塑料薄膜
- 夯土层   地面完成面

夯土基层水泥基自流平地面节点图

扫 / 码 / 观 / 看
"夯土基层水泥基自流平
地面"三维节点动图

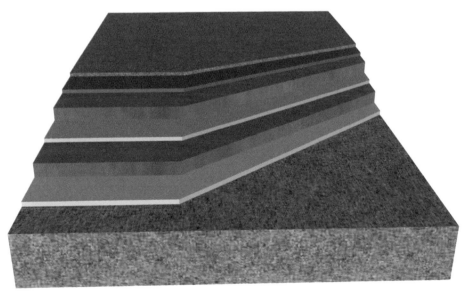

夯土基层水泥基自流平地面三维示意图

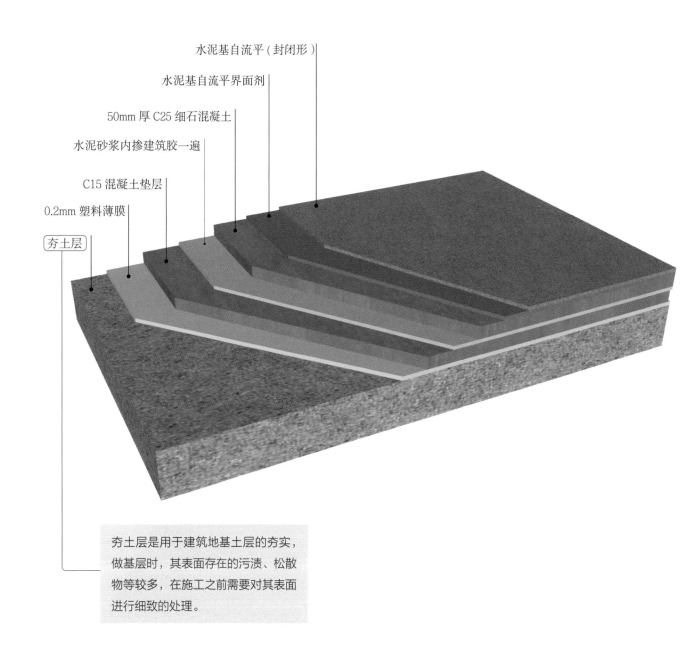

水泥基自流平 (封闭形)

水泥基自流平界面剂

50mm 厚 C25 细石混凝土

水泥砂浆内掺建筑胶一遍

C15 混凝土垫层

0.2mm 塑料薄膜

夯土层

夯土层是用于建筑地基土层的夯实，做基层时，其表面存在的污渍、松散物等较多，在施工之前需要对其表面进行细致的处理。

夯土基层水泥基自流平地面三维示意图解析

工艺解析

第一步：清理基层

夯土基层的处理要彻底清除基层表面存在的浮浆、污渍、松散物等一切可能影响黏结的材料，充分开放基层表面，保证清洁、干燥坚固的基层后，再进行施工。

第二步：铺塑料薄膜

在基层上面铺 0.2mm 的塑料薄膜。

第三步：铺设混凝土垫层

使用 C15 的混凝土做垫层，同时在水泥砂浆内掺建筑胶一遍，增强水泥砂浆粘贴力。

第四步：细石混凝土找平

使用标号为 C25 的细石混凝土对地面进行找平，以此保证底面的平整度，一般的找平厚度为 50mm。

第五步：涂刷自流平界面剂

涂刷界面剂，让混凝土与自流平充分黏结，减少气泡。

第六步：配制并浇注自流平

按照比例将水泥与水搅拌均匀，浇注到界面剂上，用辊筒压匀，减少气泡，保证其平整度 。

第七步：刷封闭剂

在自流平完全固化后在施工表面刷封闭剂，在封闭剂被水泥自流平地面完全吸收后才可行人。

夯土基层水泥基自流平地面的效果与普通水泥
基自流平地面效果相同，只不过不同基层地面
的处理方式不同，节点也会相应地不同。

夯土基水泥基自流平地面实景效果图

2

水磨石类地面节点

　　水磨石的应用范围很广，能运用在地面、墙面、楼梯、踢脚、台面、水槽、家居、灯具等各个位置。水磨石主要分为无机水磨石和环氧水磨石，无机水磨石是以水泥为黏结料，加入骨料（各种颜色的石材颗粒）、细沙，经过混合后，摊铺在面层上，面层上用玻璃条或金属条分割，制作图案，然后再进行抛光研磨。环氧磨石是以环氧树脂为黏结料，加入骨料、细沙，混合摊铺在面层上。本章详细讲解两类水磨石的相关工艺。

2.1
无机水磨石地面

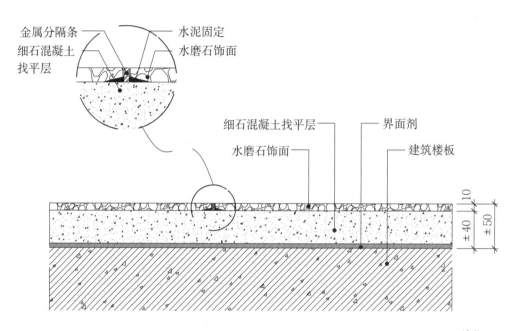

金属分隔条
细石混凝土
找平层

水泥固定
水磨石饰面

细石混凝土找平层
水磨石饰面

界面剂
建筑楼板

10
±40
±50

单位：mm

无机水磨石地面节点图

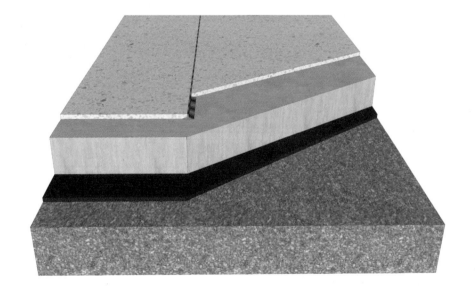

扫 / 码 / 观 / 看
"无机水磨石地面"三维
节点动图

无机水磨石地面三维示意图

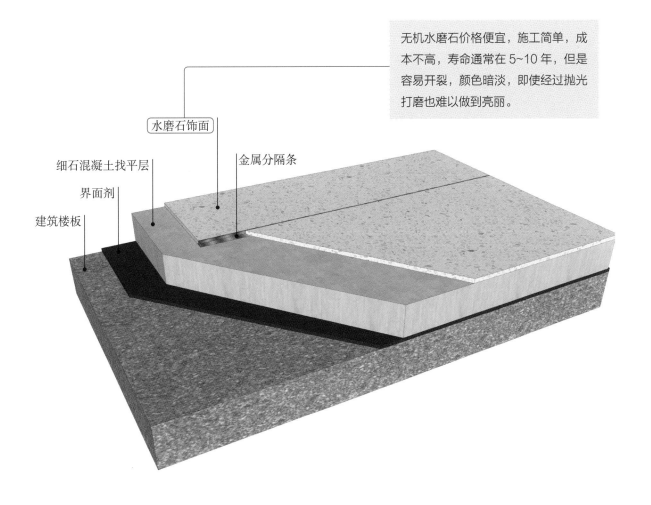

无机水磨石价格便宜，施工简单，成本不高，寿命通常在 5~10 年，但是容易开裂，颜色暗淡，即使经过抛光打磨也难以做到亮丽。

水磨石饰面

细石混凝土找平层

金属分隔条

界面剂

建筑楼板

无机水磨石地面三维示意图解析

—————— / 使用水磨石时的注意事项 / ——————

① 水磨石因为原材料的混合，其中的矿物成分比较复杂，尤其是一些浅色的水磨石，含有铁质，在潮湿的环境中可能会产生锈变。

② 日常维护时需要用专业的水磨石清洗剂来洗刷地面。也可以用普通的洗衣粉水或洗衣液清洗，难清洗的可以用洁厕剂之类的进行清洗，但是可能会产生一定的磨损。

③ 在施工的最后可以在水磨石的表面做一层密封固化剂，不仅可以提高亮度，还能防尘并增强硬度。

工艺解析

第一步：清理基层

水磨石地面一般应在顶棚、立墙抹灰后进行，在地面铺装前先对基层进行清理，保证基层平整。

第二步：涂刷界面剂

在找平层施工前需垂直涂刷界面剂两遍，以此增强找平层和基层的黏结性，防止空鼓。

第三步：做找平层

铺细石混凝土做找平层，上下左右要对齐，不能出现一头长一头短，分布不均匀的情况，会让人觉得不协调，找平层一般为 50mm 或 40mm。

第四步：分隔条镶嵌

按照设计的要求弹出纵横两个方向，根据墨线的线路分隔条，分隔条间距不大于 1000mm，否则会由于热胀冷缩产生裂缝，因此一般建议分隔条设置间距在 900mm 左右为宜。

细石混凝土层一般厚 50mm

第五步：铺水磨石骨料

将水泥与石粒进行拌和调配，应计量正确、拌合均匀，铺设水磨石拌和料，然后再均匀干撒已洗净的干石粒，用铁抹子将干石粒全部拍入浆内，再用辊筒滚压密实，用抹子抹压平整。

第六步：养护

铺完面层后严禁行走，一天后洒水养护，常温下养护 5~7 天，低温及冬季施工应养护 10 天以上。

第七步：磨光

开磨前要先进行试磨，确保石粒不松动，然后才能开始磨，大面积的范围应用机械磨石研磨，而小面积、墙角处等应用小型手提式磨机或者手工进行研磨。

无机水磨石地面实景效果图

传统的无机水磨石，通常用于走廊或工厂
这类空间中，但是在设计师的巧手下，即
使是颜色不够亮丽的无机水磨石，也能够
通过营造氛围给人以高雅、气质的感受。

2.2
环氧磨石地面

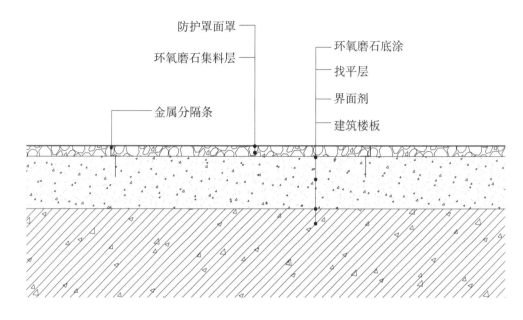

防护罩面罩
环氧磨石集料层
金属分隔条
环氧磨石底涂
找平层
界面剂
建筑楼板

环氧磨石地面节点图

扫 / 码 / 观 / 看
"环氧磨石地面"三维节
点动图

环氧磨石地面三维示意图

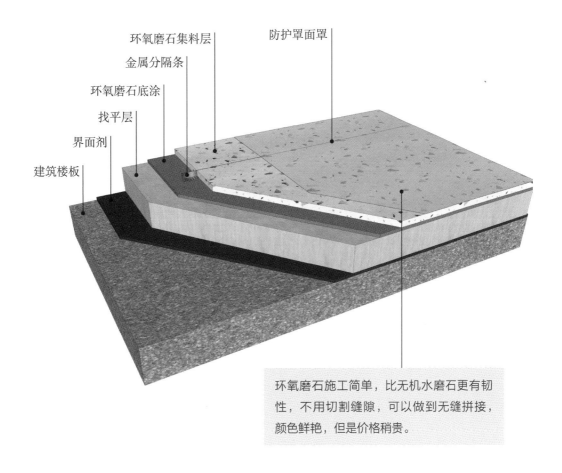

环氧磨石集料层
防护罩面罩
金属分隔条
环氧磨石底涂
找平层
界面剂
建筑楼板

环氧磨石施工简单，比无机水磨石更有韧性，不用切割缝隙，可以做到无缝拼接，颜色鲜艳，但是价格稍贵。

环氧磨石地面三维示意图解析

/ 水磨石的保养技巧 /

① 打蜡处理

保养水磨石最常用的方法就是对其地面进行打蜡处理，进而保证地面光亮、晶莹剔透。但是这种方法只是短暂地改变了表层的光泽度，且工序烦琐，需要每隔一段时间就进行保养，成本也较高。

② 翻新

利用石材翻新磨片、光亮剂、结晶粉等材料用研磨机打磨地面。给水磨石的表面做防护处理，进行翻新结晶，以此来保证地面的光泽度。

③ 硬化处理

在水磨石地面表面喷涂硬化剂，并对地面进行打磨抛光，不仅能够长期保持地面的光泽度，而且地面会越使用光泽度越好，能够提高水磨石的硬度和耐磨性，起到抗渗、防尘的效果。

工艺解析

第一步：清理基层

施工前应检查基层的强度，且含水率应小于8%，再用真空抛丸机处理基层，以增强地面的附着力，使地面无粗颗粒、水泥疙瘩、粉尘。

第二步：涂刷界面剂

第三步：做找平层

当找平层的厚度不小于30mm时，应采用细石混凝土找平，并加双向钢丝网，用来防止开裂，每2米的长度，其检查平整度偏差应不大于3mm。

第四步：环氧磨石底涂

环氧磨石底涂时应采用玻璃纤维网进行加强，并对找平层进行局部的修平。

第五步：放样

根据图纸中对地面的设计进行现场放样，放样时注意参照点，保证放样的准确，同时用色笔标出放样线条反复校正，确保不走样。

第六步：设置金属分隔条

根据放样的线路，将分隔条固定在地面上，反复校正，保证分隔条和放样的线条一致，通过验收合格后再进行后面的施工。

第七步：铺料

将骨料按配比用搅拌机搅拌均匀进行铺设，再用抹平机进行抹平，最后检查有无漏铺。

第八步：打磨处理

铺料完成24小时后，进行打磨处理，打磨顺序为粗磨→补浆→细磨→补浆→精磨。

第九步：涂装密封剂

用洗地机清洗地面并晾干后，用密封剂涂刷2遍，封闭表面毛细孔，使石粒达到密实且表面达到光滑、平整、清晰的效果。

第十步：抛光、打蜡

待干燥后用快速抛光机进行抛光处理，注意需派一人专门对边角进行抛光处理。用晶面处理剂对地面进行打蜡抛光，表面光泽在60~70之间，确保感观柔和舒适后，24小时之后即可投入使用。

环氧磨石颜色鲜艳，能够无缝拼接出各式各样，甚至十分复杂的图案，让地面整体性强的同时，又根据骨料的不同而产生不同的效果。环氧磨石更适用于商场、超市这类空间当中，但其装饰效果比较依赖施工的技术，因此在施工时要注意施工团队的选择。

环氧磨石地面实景效果图

2.3
环氧磨石地面伸缩缝

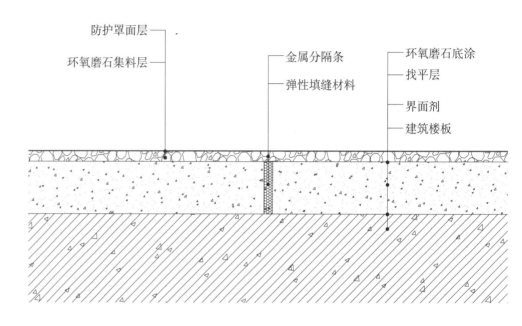

防护罩面层
环氧磨石集料层
金属分隔条
弹性填缝材料
环氧磨石底涂
找平层
界面剂
建筑楼板

环氧磨石地面伸缩缝节点图

扫 / 码 / 观 / 看
"环氧磨石地面伸缩缝"
三维节点动图

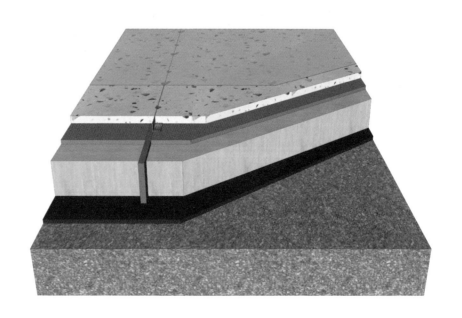

环氧磨石地面伸缩缝三维示意图

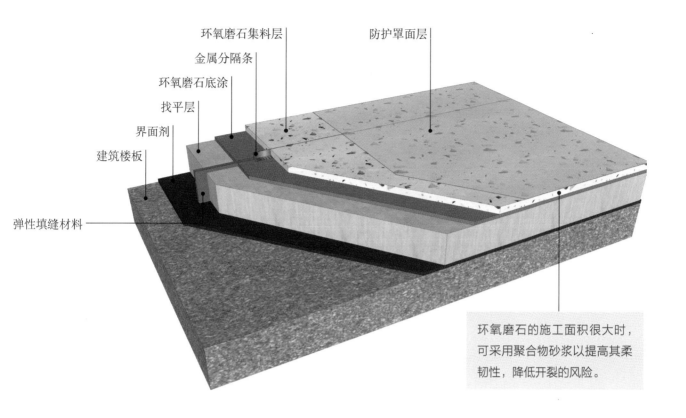

环氧磨石集料层
防护罩面层
金属分隔条
环氧磨石底涂
找平层
界面剂
建筑楼板
弹性填缝材料

环氧磨石的施工面积很大时，可采用聚合物砂浆以提高其柔韧性，降低开裂的风险。

环氧磨石地面伸缩缝三维示意图解析

工艺解析

　　找平层纵向伸缩缝、横向伸缩缝的间距不宜大于 6m，根据现场合理设置伸缩缝，伸缩缝宽 5mm~8mm。在找平层的伸缩缝中填弹性填缝材料，面层伸缩缝填柔性填缝胶或采用分隔条。找平层采用跳仓法施工，可有效避免找平层初期温度变化收缩造成的裂缝。

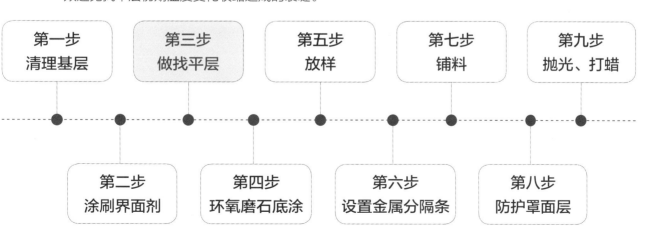

第一步
清理基层

第二步
涂刷界面剂

第三步
做找平层

第四步
环氧磨石底涂

第五步
放样

第六步
设置金属分隔条

第七步
铺料

第八步
防护罩面层

第九步
抛光、打蜡

2.4
水地暖空间水磨石地面

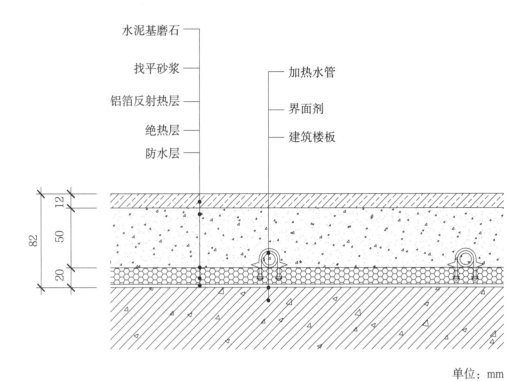

水泥基磨石

找平砂浆

铝箔反射热层

绝热层

防水层

加热水管

界面剂

建筑楼板

82
12
50
20

单位：mm

水地暖空间水磨石地面节点图

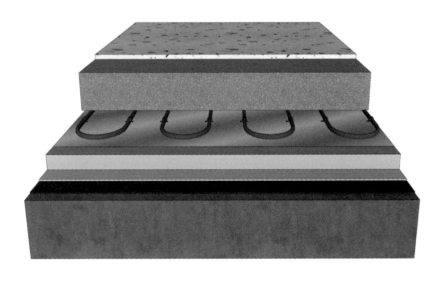

水地暖空间水磨石地面三维示意图

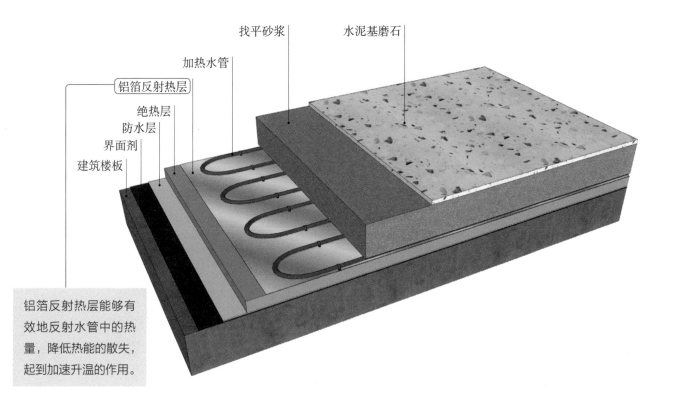

找平砂浆
水泥基磨石
加热水管
铝箔反射热层
绝热层
防水层
界面剂
建筑楼板

铝箔反射热层能够有效地反射水管中的热量，降低热能的散失，起到加速升温的作用。

水地暖空间水磨石地面三维示意图解析

/ 常见的地暖管布管方法 /

螺旋型布管法

产生的温度通常比较均匀，并可通过调整管间距来满足局部区域的特殊要求，此方式布管时管路只弯曲90°，材料所受弯曲应力较小

迂回型布管法

产生的温度通常一端高一端低，布管时管路需要弯曲180°，材料所受应力较大，适合在较狭小的空间内使用

混合型布管法

混合形布管通常以螺旋形布管方式为主，迂回型布管方式为辅

工艺解析

第一步
清理基层

第二步
涂刷界面剂

第三步
做防水层

第六步
安装加热水管

第五步
铺设铝箔反射热层

第四步
做绝热层

加热水管要用管夹固定在保温板上，固定点间距不大于 500mm（按管长方向），大于 90° 的弯曲管段的两端和中点均应固定。

先铺设铝箔反射热层，在搭设处用胶带粘住。铝箔纸的铺设要平整、无褶皱，不可有翘边等情况。

第七步
水泥砂浆找平层

第八步
浇筑磨石

第九步
涂装密封剂

为更好地将地暖层和水磨石层分开，水泥砂浆找平层要做最少 50mm 厚才能有效地防开裂。

第十步
抛光、打蜡

2.5
水地暖空间环氧磨石地面

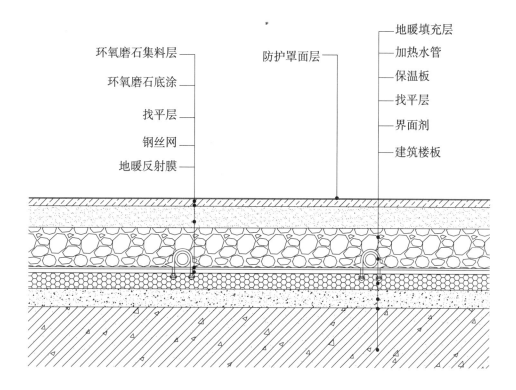

环氧磨石集料层 —
环氧磨石底涂 —
找平层 —
钢丝网 —
地暖反射膜 —

防护罩面层 —

— 地暖填充层
— 加热水管
— 保温板
— 找平层
— 界面剂
— 建筑楼板

水地暖空间环氧磨石地面节点图

扫 / 码 / 观 / 看
"水地暖空间环氧磨石地
面"三维节点动图

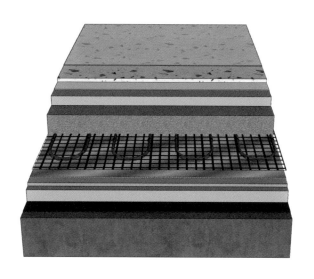

水地暖空间环氧磨石地面三维示意图

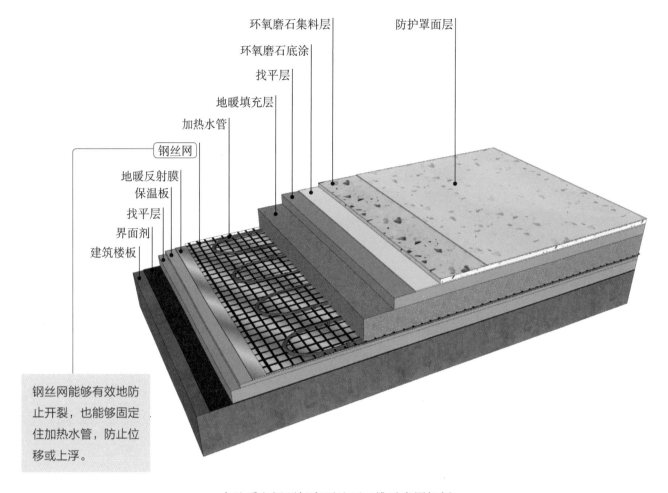

环氧磨石集料层

防护罩面层

环氧磨石底涂

找平层

地暖填充层

加热水管

钢丝网

地暖反射膜

保温板

找平层

界面剂

建筑楼板

钢丝网能够有效地防止开裂，也能够固定住加热水管，防止位移或上浮。

水地暖空间环氧磨石地面三维示意图解析

/ 排布地暖管的要点 /

① 先读图纸，再排布

排布中小型空间的地暖时，应参照图纸中空间功能定位布置，如人流少的地方或其他非生活用空间（杂物间、设备间、固定家具下方、无腿家具下方）等都不需要布置地暖。

② 空间过大的情况

当铺设空间面积太大，每个回路的管长超过 120m，或者地暖大面积超过伸缩缝时，应分区域设置多个回路。

③ 管道需求

在排布时，每条回路的管道中间不能断裂或存有接头，必须是一整根管。

工艺解析

第一步：清理基层

第二步：涂刷界面剂

第三步：做找平层

当找平层的厚度小于 30mm 时，采用水泥砂浆找平；若不小于 30mm 时，应采用细石混凝土找平，并加入钢丝网，增强找平层整体的抗拉能力。

第四步：铺设保温板

底层保温板缝处要用胶粘贴牢固，上面需铺设铝箔纸或粘一层带坐标分格线的复合镀铝聚酯膜，铺设要平整。边角保温板沿墙粘贴专用乳胶，要求粘贴平整，搭接严密。

第五步：铺设地暖反射膜

铺设反射膜时最好按照网格横平竖直的方式进行铺设，方便后期更好地铺设地暖管，也方便计算地暖管之间的间距，铺设时一定要完全舒展开其反射膜，不能出现弯曲的情况。反射膜之间不能留有间隙，否则会导致热量流失，达不到室内温度的需求。

第六步：铺设钢丝网

在反射膜上铺设一层 Φ2mm 钢丝网，间距 100mm × 100mm，规格 2m × 1m。铺设要严整严密，钢网间用扎带捆扎，不平或翘曲的部位用钢钉固定在楼板上。

第七步：安装水暖管

第八步：压力测试

测试之前先检查加热管有无损伤、间距是否符合设计要求后，进行水压试验。试验压力为工作压力的 1.5~2 倍，但不小于 0.6MPa，稳压 1 小时内压力降不大于 0.05MPa，且不渗不漏为合格。

第九步：地暖填充层

地暖填充层一般采用陶粒混凝土，但是推荐使用地暖宝等专用地暖填充材料进行填充，提高填充层的抗开裂能力。

第十步：做找平层

找平层和填充层都采用跳仓法施工，可有效地避免找平层和填充层因初期温度变化收缩造成的裂缝。

第十一步：环氧磨石底涂

第十二步：环氧磨石集料层

在集料层施工时，可以采用玻璃纤维网进行加强，能够有效地防止后期开裂。

第十三步：做防护罩面层

环氧磨石造型更加自由，施工时需要设计师监
工放样或者工人具有一定的审美基础，成品才
能更加符合设计效果。

水地暖空间环氧磨石地面实景效果图

3

石材类地面节点

　　石材类地面不论是在家居空间，还是公共空间中都均较为常见。石材类地面较为坚固耐用，能够体现出整洁的效果，而且根据不同的纹理，其装饰效果也是多种多样。但是石材类地面在施工中需要重点注意每块石材间的留缝，留缝可以有效缓解石材色差、弱化缺陷，保证其装饰效果的美观性。

　　石材类地面主要包括石材铺贴、地砖铺贴以及马赛克铺贴的节点，铺贴工艺可以总结出 5 个重要部分，即原建筑楼板、界面剂（防止起鼓）、找平层、黏结层以及装饰面层，本章重点讲解不同的装饰面层的铺贴工艺。

3.1
石材铺贴地面

▶▶ **石材铺贴地面（干铺法）**

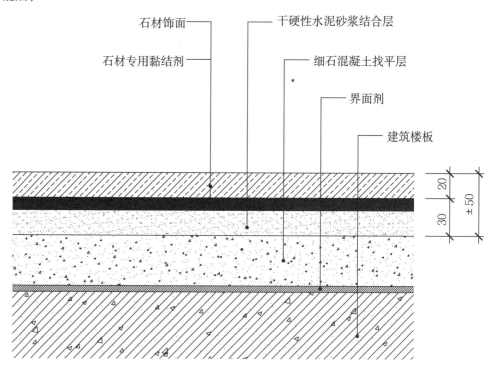

石材饰面 —
石材专用黏结剂 —
干硬性水泥砂浆结合层 —
细石混凝土找平层 —
界面剂 —
建筑楼板 —

20
30
±50

单位：mm

石材铺贴地面（干铺法）节点图

扫 / 码 / 观 / 看
"石材铺贴地面（干铺法）"三维节点动图

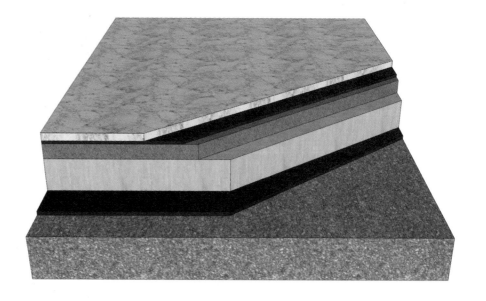

石材铺贴地面（干铺法）三维示意图

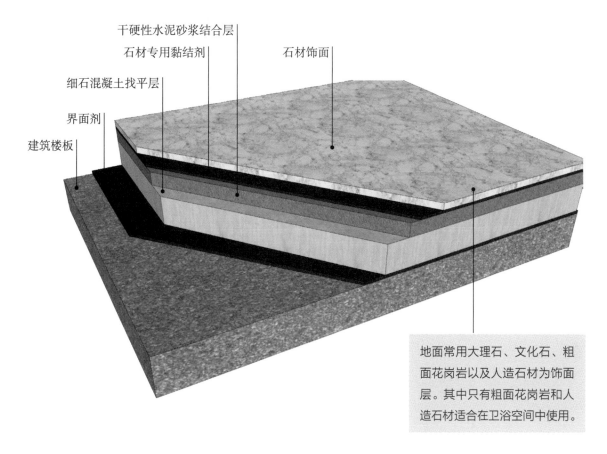

干硬性水泥砂浆结合层

石材专用黏结剂

细石混凝土找平层

界面剂

建筑楼板

石材饰面

地面常用大理石、文化石、粗面花岗岩以及人造石材为饰面层。其中只有粗面花岗岩和人造石材适合在卫浴空间中使用。

石材铺贴地面（干铺法）三维示意图解析

/ 常见的地面石材 /

	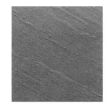		
天然大理石	**天然文化石**	**粗面花岗岩**	**人造石材**

天然大理石

优点：纹理丰富、可塑性强

缺点：已风化、质地软、不耐污

天然文化石

优点：质地坚硬、色泽鲜明、抗压、耐磨、耐火、耐腐蚀

缺点：价格高、施工较困难

粗面花岗岩

优点：抗压、耐久性高、抗冻、耐酸、耐腐蚀、不易风化

缺点：长度上有局限性，大型地面铺装会有接缝，容易藏污纳垢

人造石材

优点：耐久、抗风化、价格低、抗压、重量轻

缺点：纹理缺乏自然感

工艺解析

第一步：基层处理

清理基层上的浮浆、油污、涂料、凸起物等影响黏结强度的物质。

第二步：将石材按照位置分布

在正式铺设前，应对每一房间的石材板块，按颜色、图案、纹理进行试拼，将非整块板对称排放在房间靠墙部位，试拼后按两个方向编号排列，然后按编号排放整齐。

第三步：刷界面剂

在基层表面洒水湿润，再涂刷界面剂，增强找平层与基层的黏合力。

第四步：细石混凝土做找平层

第五步：干硬性水泥砂浆做找平

按照 1：3 比例的水泥和砂进行配比，用其合成的水泥砂浆做 30mm 厚的面层，用来做地面的找平，其平整度应不小于 3mm。

第六步：石材专用黏结剂

用素水泥膏做黏结，均匀地批涂在石材背面，可以将石材和找平层更好地黏结在一起。

第七步：试铺

在房间内两个相互垂直的方向铺两条干砂，其宽度大于板块宽度，厚度不小于 3cm，结合施工大样图及房间实际尺寸，把石材板块排好，以便检查板块之间的缝隙，核对板块与墙面、柱、洞口等部位的相对位置。

第八步：铺贴

用按照试铺所确认好的石材编号进行铺贴，铺完第一块后应向其两侧和后退方向顺序进行铺贴，铺完纵、横行之后便有了标准，可分段分区依次铺贴，一般房间宜先里后外进行，逐步退至门口，便于成品保护。

第九步：灌缝、擦缝

根据石材的颜色选择相同颜色的矿物颜料和水泥（或白水泥）拌和均匀，调成 1：1 的稀水泥浆，用浆壶徐徐灌入板块的缝隙中，并用长把刮板把流出的水泥浆刮向缝隙内，至基本灌满为止。灌浆 1~2 小时后，用棉纱团蘸原稀水泥浆擦缝与板面，将其擦平，同时将板面上的水泥浆擦净，使石材（或花岗石）面层的表面洁净、平整、坚实。

石材铺贴地面（干铺法）实景效果图

拼花大理石，具有律动感也更为奢华。不过干铺法厚度大，难度比湿铺法大，但不易空鼓，不易变形，虽成本相对较高，但很多人仍会选择该做法。

▶▶ **石材铺贴地面（湿铺法）**

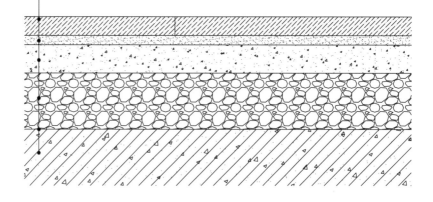

石材
素水泥膏一道
30mm 厚 1：3 干硬性水泥砂浆结合层
CL7.5 轻集料混凝土垫层（厚度依设计定）
界面剂一道
原建筑钢筋混凝土楼板

石材铺贴地面（湿铺法）节点图

扫 / 码 / 观 / 看
"石材铺贴地面（湿铺
法）"三维节点动图

石材铺贴地面（湿铺法）三维示意图

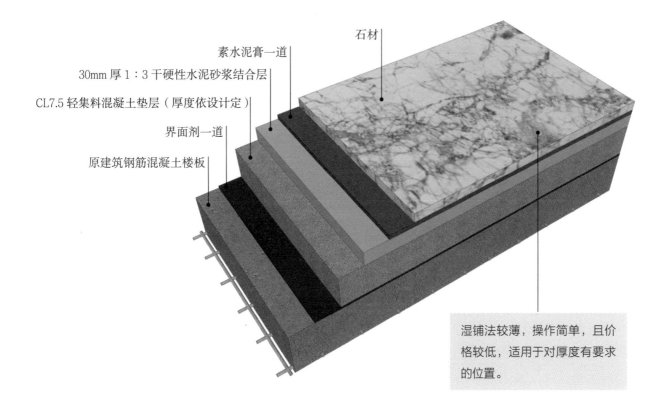

石材

素水泥膏一道

30mm 厚 1：3 干硬性水泥砂浆结合层

CL7.5 轻集料混凝土垫层（厚度依设计定）

界面剂一道

原建筑钢筋混凝土楼板

湿铺法较薄，操作简单，且价格较低，适用于对厚度有要求的位置。

石材铺贴地面（湿铺法）三维示意图解析

—— / 石材无缝工艺 / ——

① 勾缝处理

先根据石材的颜色，勾兑填缝剂，调制出相近的样色，再加入硬化剂，以便后续的施工。将填缝剂勾入缝隙。使用铲子等工具将填缝剂均匀地填入到石材的缝隙中，溢出的部分及时用抹布擦拭干净，防止粘到石材的表面。

② 研磨石材接缝处

粗磨三遍。使用砂轮机对石材的缝隙处进行研磨，此步骤需重复三遍，将石材的亮面完全磨平。细磨一遍。使用钻石研磨机对石材的缝隙处进行细磨，直至石材表面的缝隙完全消失看不见。

工艺解析

第一步：排版放线

根据施工图纸中标识的铺贴方向对地面进行排版放线，合理地规避地漏等设备，同时可以根据排版对石材进行编号。

第二步：刷界面剂

在原建筑钢筋混凝土楼板上刷界面剂一道，以增强轻集料混凝土垫层和楼板的黏结性。

第三步：轻集料混凝土做垫层

使用 CL7.5 轻集料混凝土（即强度为 7.5 的结构保温轻骨料混凝土）做垫层。

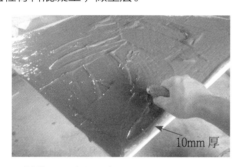

10mm 厚

石材背面涂素水泥膏

第四步：水泥砂浆找平

按照 1：3 比例的水泥和砂进行配比，用其合成的水泥砂浆做 30mm 厚的面层，用来做地面的找平。

第五步：涂素水泥膏

用 10mm 厚的素水泥膏做黏结，均匀地批涂在石材背面，可以将石材和找平层更好地黏结在一起。

第六步：试铺

将石材按照排版放线的位置进行试铺，确认每个位置石材的编号。

第七步：铺贴

按照试铺所确认好的石材编号进行铺贴，铺贴时，必须要用橡皮锤轻轻敲击，手法是从中间到四边，再从四边到中间反复数次，使地砖与砂浆黏结紧密，并要随时调整平整度和缝隙。

根据设计需求决定最后是否用白水泥进行勾缝，普通地面缝的大小在 2mm~5mm 之间

石材铺贴地面（湿铺法）实景效果图

大理石在铺贴于客厅空间时，可以加入局部的
块状地毯，对单调的地面进行修饰。

▶▶ 石材铺贴地面（加防水层）

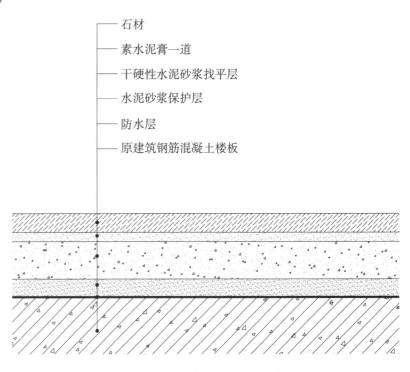

石材
素水泥膏一道
干硬性水泥砂浆找平层
水泥砂浆保护层
防水层
原建筑钢筋混凝土楼板

石材铺贴地面（加防水层）节点图

扫 / 码 / 观 / 看
"石材铺贴地面（加防水层）"三维节点动图

石材铺贴地面（加防水层）三维示意图

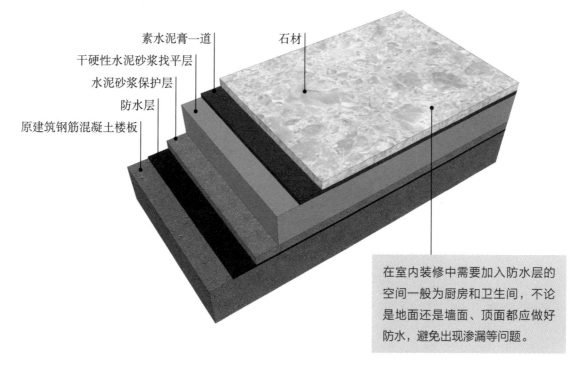

素水泥膏一道
干硬性水泥砂浆找平层
水泥砂浆保护层
防水层
原建筑钢筋混凝土楼板

石材

在室内装修中需要加入防水层的空间一般为厨房和卫生间，不论是地面还是墙面、顶面都应做好防水，避免出现渗漏等问题。

石材铺贴地面（加防水层）三维示意图解析

工艺解析

在涂料防水层的基础上做水泥砂浆保护层，防止工人在做其他工序的时候来回踩踏防水层，导致防水层被过度摩擦而产生穿洞。

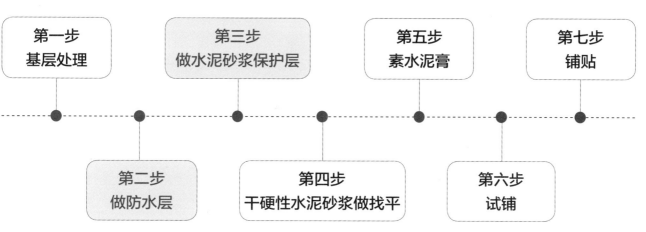

第一步
基层处理

第二步
做防水层

第三步
做水泥砂浆保护层

第四步
干硬性水泥砂浆做找平

第五步
素水泥膏

第六步
试铺

第七步
铺贴

防水层需涂刷 2~3 遍，否则应增设玻纤布，且每遍涂刷的固化物厚度不得低于 1mm，并应在其完全干燥后（5~8小时），再进行下一施工。

石材铺贴地面（加防水层）实景效果图

浅色的大理石用于卫生间时容易变色，因此最好使用深色系大理石。

3.2
水地暖空间石材地面

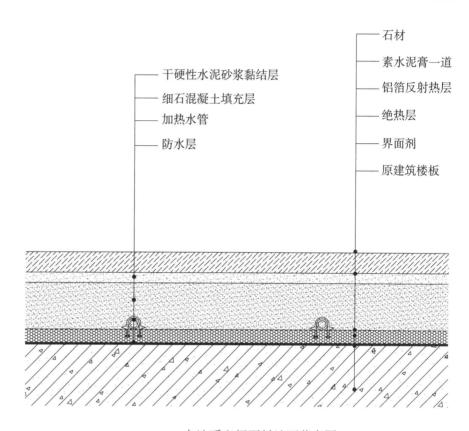

干硬性水泥砂浆黏结层
细石混凝土填充层
加热水管
防水层

石材
素水泥膏一道
铝箔反射热层
绝热层
界面剂
原建筑楼板

水地暖空间石材地面节点图

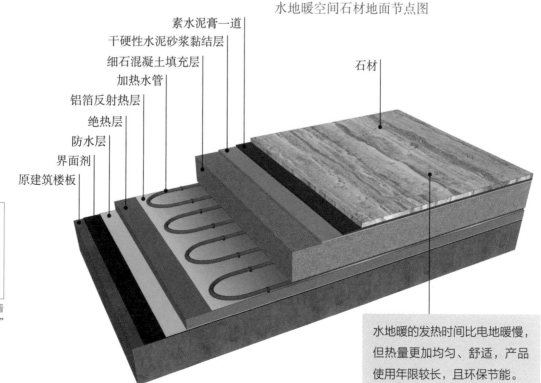

素水泥膏一道
干硬性水泥砂浆黏结层
细石混凝土填充层
加热水管
铝箔反射热层
绝热层
防水层
界面剂
原建筑楼板

石材

水地暖的发热时间比电地暖慢，但热量更加均匀、舒适，产品使用年限较长，且环保节能。

水地暖空间石材地面三维示意图解析

工艺解析

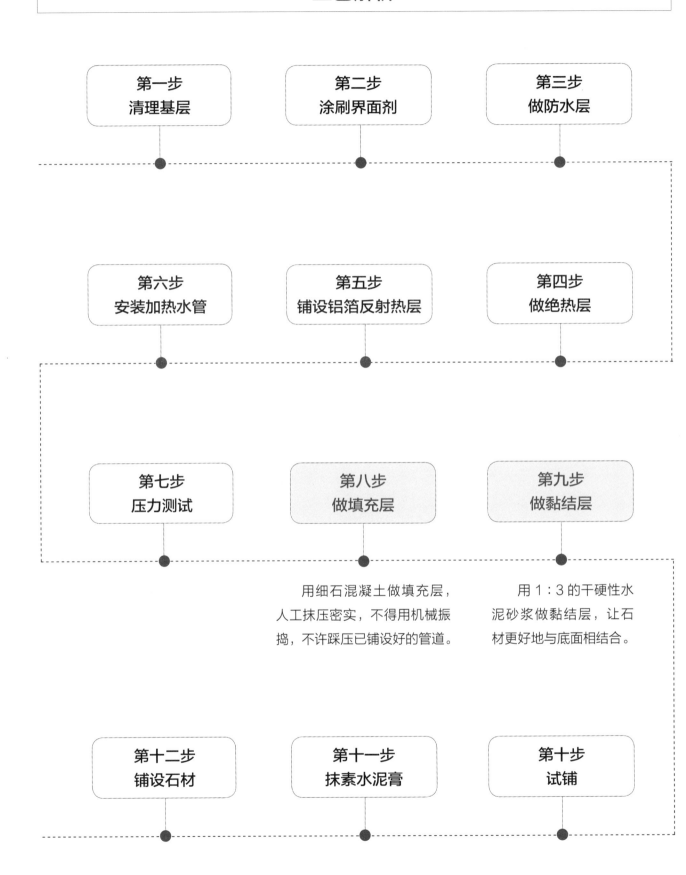

第一步
清理基层

第二步
涂刷界面剂

第三步
做防水层

第六步
安装加热水管

第五步
铺设铝箔反射热层

第四步
做绝热层

第七步
压力测试

第八步
做填充层

第九步
做黏结层

用细石混凝土做填充层，人工抹压密实，不得用机械振捣，不许踩压已铺设好的管道。

用 1∶3 的干硬性水泥砂浆做黏结层，让石材更好地与底面相结合。

第十二步
铺设石材

第十一步
抹素水泥膏

第十步
试铺

水地暖空间石材地面实景效果图

餐厅墙面面积较大，适合
采用干挂法进行施工。地
面则可以采取胶粘法施工

3.3
地面结构缝石材铺贴

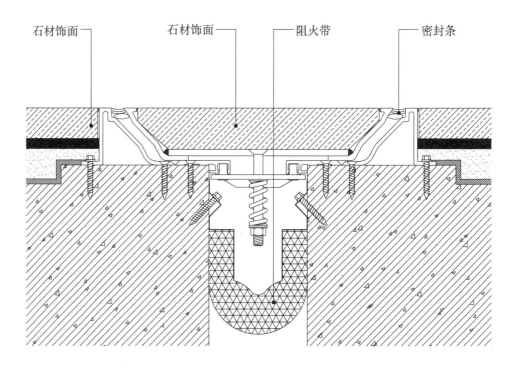

石材饰面　　　　石材饰面　　　　阻火带　　　　密封条

地面结构缝石材铺贴节点图

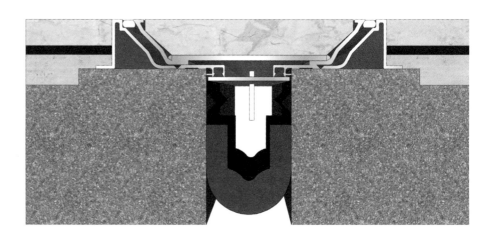

地面结构缝石材铺贴三维示意图

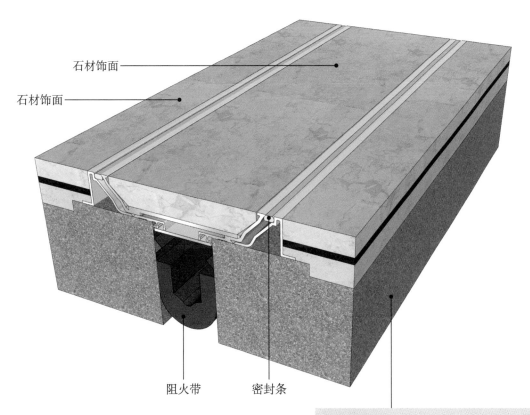

石材饰面

石材饰面

阻火带　　　密封条

由于地基不均匀沉降、温度变化、地震等因素影响而产生变形或破坏，因此在建筑设计时将房屋划分成若干个独立空间，使各部分能够独立自由变化，这种将建筑物垂直分开的预留缝被称为变形缝，这就需要针对该结构缝进行专门的铺贴，保证地面的平整性和整体效果。

地面结构缝石材铺贴三维示意图解析

工艺解析

第一步：基层处理

第二步：预留槽口

第三步：安装阻火带

在干燥的基层上安装第一层阻火带，加纤维毡。

第四步：加防水保护层

再安装第二层阻火带，刷胶后粘上止水带。

第五步：外侧型材安装

用 M6 膨胀螺栓将外侧型材压在止水带上，每 500mm 钉一个膨胀螺栓，交错排列。

第六步：内侧型材安装

将内侧型材安装在外侧型材的上方。

第七步：安装滑杆

安装不锈钢滑杆，将滑杆装进外侧型材内。

第八步：安装盖板

安装石材做盖板，每 500mm 打一个孔，中心孔板跟滑杆孔对齐，用螺丝拧紧。

第九步：安装平型橡胶条

3.4
地砖铺贴地面

▶▶ 地砖铺贴地面

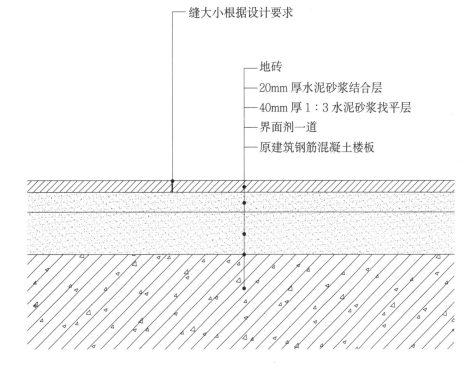

缝大小根据设计要求

地砖
20mm 厚水泥砂浆结合层
40mm 厚 1∶3 水泥砂浆找平层
界面剂一道
原建筑钢筋混凝土楼板

地砖铺贴地面节点图

扫 / 码 / 观 / 看
"地砖铺贴地面"三维节
点动图

地砖铺贴地面三维示意图

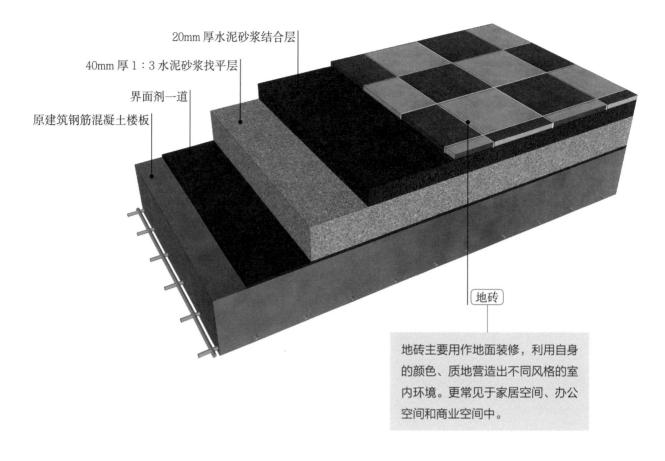

20mm 厚水泥砂浆结合层

40mm 厚 1：3 水泥砂浆找平层

界面剂一道

原建筑钢筋混凝土楼板

地砖

地砖主要用作地面装修，利用自身的颜色、质地营造出不同风格的室内环境。更常见于家居空间、办公空间和商业空间中。

地砖铺贴地面三维示意图解析

/ 常见的地砖类型 /

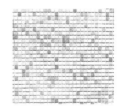

釉面砖	通体砖	抛光砖、玻化砖	马赛克
优点：色彩图案丰富、规格多、选择空间大、防渗、无缝拼接、任意造型	优点：表面不施釉、装饰效果古香古色、高雅别致、纯朴自然	优点：表面光洁、坚硬耐磨、抗弯曲强度大、砖体薄、重量轻	优点：可随意拼贴图案，装饰效果好
缺点：不耐磨、亚光釉面砖的油渍很难清洁	缺点：花纹样式较单一、容易脏、清洁麻烦	缺点：不耐脏、不防滑	缺点：缝隙太多，容易脏、难清理

工艺解析

第一步：基层处理

铺贴地面瓷砖通常是在原楼板地面或垫高地面上施工。较光滑的地面要进行凿毛处理，基层表面残留的砂浆、尘土和油渍等要用钢丝刷刷洗干净，并用水冲洗地面。

第二步：浸砖

地砖应浸水湿润，以保证铺贴后不会因吸走灰浆中的水分而粘贴不牢。将浸水后的地砖阴干备用，阴干的时间视气温和环境湿度而定，以地砖表面有潮湿感，但手按无水迹为准。

第三步：弹线分格

弹线时以房间中心为中心，弹出相互垂直的两条定位线，在定位线上按瓷砖的尺寸进行分格。如果整个房间可排偶数块瓷砖，则中心线就是瓷砖的对接缝；如排奇数块瓷砖，则中心线在瓷砖的中心位置上。分格、定位时，应距墙边留出200mm~300mm作为调整区间。

在分格、定位时要先预排，并要避免缝中正对门口，影响整体效果。

第四步：刷界面剂

应提前浇水润湿基层，再涂刷界面剂，增强找平层与基层的黏合力。

第五步：水泥砂浆找平

随刷界面剂随铺1∶3的干硬性水泥砂浆；根据标筋标高，将砂浆用刮尺拍实刮平，再用长刮尺刮一遍，最后用木抹子搓平。

第六步：试铺

正式铺贴前要先试铺，按照已经确定的厚度，在基准线的一端铺设一块基准砖，这块基准砖必须水平。

第七步：水泥砂浆做黏结层

铺贴前，需要在地砖背面均匀涂抹水泥素浆做黏结层。

第八步：铺贴

铺贴时，必须要用橡皮锤轻轻敲击，手法是从中间到四边，再从四边到中间反复数次，使地砖与砂浆黏结紧密，并要随时调整平整度和缝隙。目前最常见的地砖铺设方式有两种：直铺和斜铺。直铺是以与墙边平行的方式进行瓷砖的铺贴，这也是使用最多的铺贴方式；斜铺是指与墙边成45°角的排砖方式，这种方式耗材量较大。

第九步：压平、调缝

第十步：勾缝、清理

瓷砖铺完24小时后，将缝口清理干净，并刷水润湿，用填缝剂勾缝。

地砖铺贴地面实景效果图

玻化砖多为仿大理石纹路的款式，
是天然大理石较佳的替代品。

▶▶ 地砖铺贴地面（加防水层）

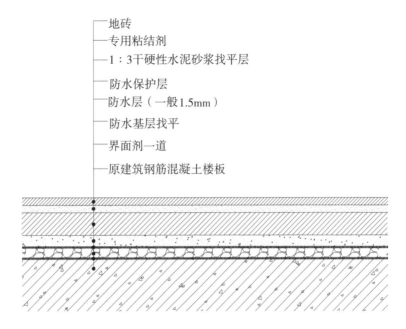

地砖
专用粘结剂
1：3干硬性水泥砂浆找平层
防水保护层
防水层（一般1.5mm）
防水基层找平
界面剂一道
原建筑钢筋混凝土楼板

地砖铺贴地面（加防水层）节点图

扫 / 码 / 观 / 看
"地砖铺贴地面（加防水
层）"三维节点动图

地砖铺贴地面（加防水层）三维示意图

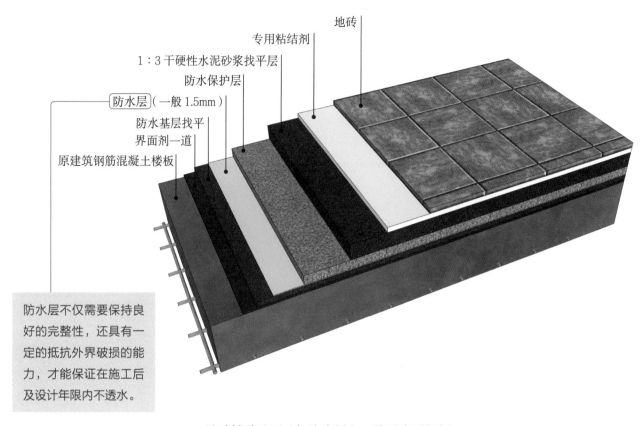

地砖

专用粘结剂

1:3 干硬性水泥砂浆找平层

防水保护层

防水层 (一般 1.5mm)

防水基层找平

界面剂一道

原建筑钢筋混凝土楼板

防水层不仅需要保持良好的完整性，还具有一定的抵抗外界破损的能力，才能保证在施工后及设计年限内不透水。

地砖铺贴地面（加防水层）三维示意图解析

工艺解析

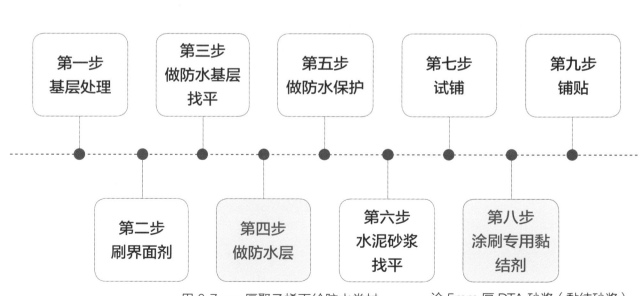

第一步
基层处理

第三步
做防水基层
找平

第五步
做防水保护

第七步
试铺

第九步
铺贴

第二步
刷界面剂

第四步
做防水层

第六步
水泥砂浆
找平

第八步
涂刷专用黏
结剂

用 0.7mm 厚聚乙烯丙纶防水卷材做防水，用 1.3mm 厚胶黏剂进行粘贴。

涂 5mm 厚 DTA 砂浆（黏结砂浆）或其他黏结材料做黏结剂。

地砖铺贴地面（加防水层）实景效果图

添加防水层的节点结构通常用于卫生间、
厨房这类空间中。木纹砖的使用改变了传
统卫浴间材料的冷感，使其更温馨。

▶▶ **马赛克铺贴地面**

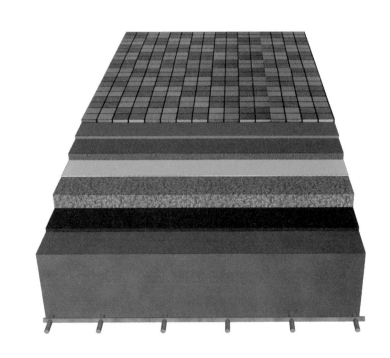

马赛克
5mm 厚 DTA 砂浆黏结层
10mm 厚 1：3 水泥砂浆保护层
JS 或聚氨酯涂膜防水层
C20 细石混凝土垫层
界面剂一道
原建筑钢筋混凝土楼板

马赛克铺贴地面节点图

扫 / 码 / 观 / 看
"马赛克铺贴地面"三维
节点动图

马赛克铺贴地面三维示意图

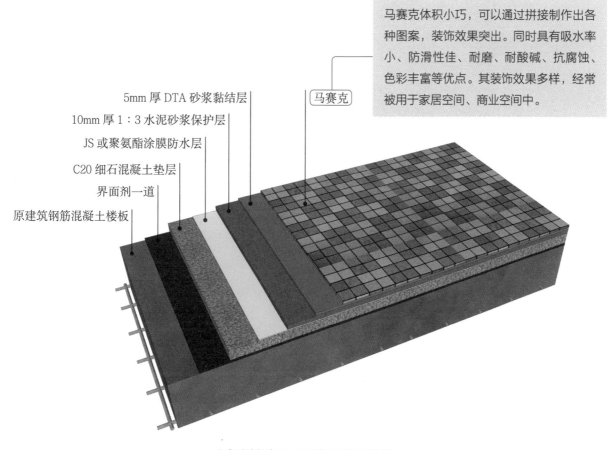

马赛克体积小巧，可以通过拼接制作出各种图案，装饰效果突出。同时具有吸水率小、防滑性佳、耐磨、耐酸碱、抗腐蚀、色彩丰富等优点。其装饰效果多样，经常被用于家居空间、商业空间中。

马赛克

5mm 厚 DTA 砂浆黏结层
10mm 厚 1：3 水泥砂浆保护层
JS 或聚氨酯涂膜防水层
C20 细石混凝土垫层
界面剂一道
原建筑钢筋混凝土楼板

马赛克铺贴地面三维示意图解析

/ 常见的马赛克类型 /

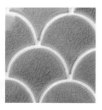
陶瓷马赛克
经久耐用，光线柔和、不刺激，品种多样、颜色丰富，防水防潮吸能优越，易清洗，墙面、地面均可使用

玻璃马赛克
色彩最丰富的马赛克品种，质感晶莹剔透，现代感强，纯度高，给人以轻松愉悦之感，不适合装饰地面

贝壳马赛克
色彩绚丽、带有光泽，每片尺寸较小，吸水率低，抗压性能不强，施工后，表面需磨平处理，不适合装饰地面

金属马赛克
色彩较为低调且相对较少，装饰效果现代、时尚，材料环保、防火、耐磨，地面不建议大面积使用

夜光马赛克
吸收光源后，夜晚会散发光芒，可定制图案，效果个性独特，很适合小面积用于装饰墙面

石材马赛克
以天然石材为原料制成的马赛克，效果天然、纹理多样，防水性较差，抗酸碱腐蚀性能较弱

实木马赛克
以实木或古船木等木质材料制成的马赛克，具有自然、古朴的装饰效果，多为条形或方形，不适合装饰地面

拼合马赛克
由两种或两种以上材料拼接而成，最常见的是玻璃 + 金属，或石材 + 玻璃的款式，质感更丰富

工艺解析

第一步：基层处理

第二步：涂刷界面剂

第三步：细石混凝土做垫层

第四步：聚氨酯涂膜防水

第五步：水泥砂浆保护层

采用 1∶3 的水泥砂浆，平铺 10mm 厚，做防水保护层。

第六步：试铺

第七步：马赛克专用黏结剂

第八步：铺贴马赛克

在涂抹专用黏结剂的同时，将马赛克表面刷湿，然后用方尺找到基准点，拉好控制线按顺序进行铺贴。当铺贴接近尽头时，应提前量尺预排，提早做调整，避免造成端头缝隙过大或过小。每联马赛克之间，如果在墙角、镶边和靠墙处应紧密贴合，靠墙处不得采用砂浆填补，如果缝隙过大，应裁条嵌齐。

第九步：拍实

整个房间铺贴完毕后，从一端开始，用木锤和拍板依次拍平拍实，拍至素水泥浆挤满缝隙为止。同时用水平尺测校标高和平整度。

第十步：洒水、揭纸

用喷壶洒水至纸面完全浸透，常温下 15~25 分钟后即可依次把纸面平拉揭掉，并用开刀清除纸毛。

第十一步：拔缝、灌缝

揭纸后，应拉线。按先纵后横的顺序用开刀将缝隙拔直，然后用排笔蘸浓水泥浆灌缝，或用 1∶1 水泥拌细砂把缝隙填满，并适当洒水擦平。完成后，应检查缝格的平直、接缝的高低差以及表面的平整度。如不符合要求，应及时做出调整，且全部操作应在水泥凝结前完成。

贝壳马赛克与金属组合，
配以灯光，让客厅空间
更加时尚、华美。

因为马赛克块面小，因此可以做跨越界面转折处的施工，
可以利用其这个特点进行一些个性的设计，如用水泥砌
筑洗手台或浴缸，而后用马赛克进行一体式粘贴。

在地中海风格、乡村风格等类型的室内空间中，可使用马赛克装饰垭口、踢脚和楼梯踏步立面等部位，以强化风格淳朴、随意的特点。

马赛克铺贴地面实景效果图

4

地板类地面节点

地板类地面在本书中主要是指用木料或其他常规材料做成的地面装饰材料，主要包括木地板、塑料地板、防腐木地板、运动木地板、舞台木地板、防静电地板及网络地板。它们分别适用于家居空间、办公空间或者运动空间等，不同功能空间对地板有着不同的需求，需要选择合适的地板进行铺贴。

4.1
木地板地面

▶▶ 木地板地面（悬浮式铺设法）

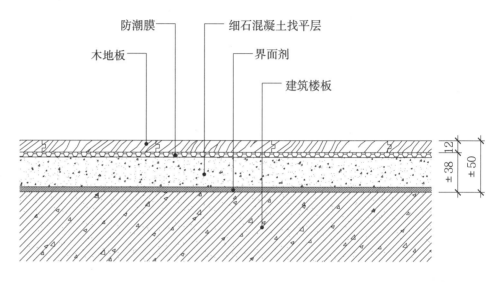

防潮膜   细石混凝土找平层

木地板   界面剂

建筑楼板

±38 | 12
±50

单位：mm

木地板地面（悬浮式铺设法）节点图

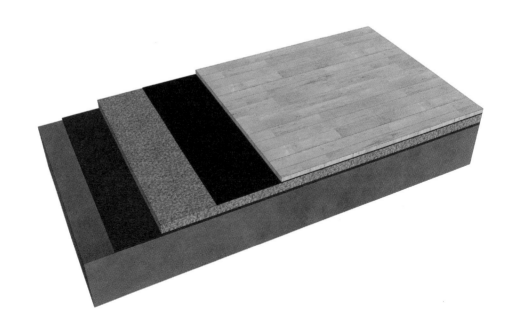

扫 / 码 / 观 / 看
"木地板地面（悬浮式铺
设法）"三维节点动图

木地板地面（悬浮式铺设法）三维示意图

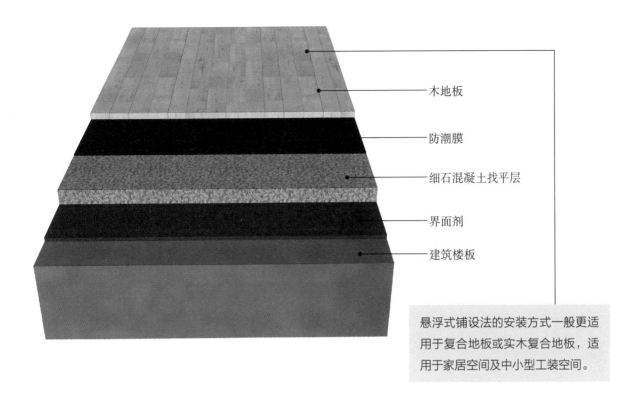

木地板

防潮膜

细石混凝土找平层

界面剂

建筑楼板

悬浮式铺设法的安装方式一般更适用于复合地板或实木复合地板，适用于家居空间及中小型工装空间。

木地板地面（悬浮式铺设法）三维示意图解析

/ 常见的木地板类型 /

实木地板	实木复合地板	复合地板（强化地板）	竹地板	软木地板

实木地板

优点：隔音隔热、调节湿度、绿色环保、经久耐用

缺点：难保养、价格高

实木复合地板

优点：易打理、易清理、质量稳定，不容易损坏，实惠，安装简单

缺点：耐磨性不如复合地板、结构复杂，内在质量不易鉴别

复合地板（强化地板）

优点：耐污、抗酸碱性好、免维护，防滑性能好，耐磨、抗菌，不会虫蛀、霉变，尺寸稳定性好、不会受温度、潮湿影响变形，重量轻

缺点：怕潮怕水，表面的木质效果没有天然实木好

竹地板

优点：牢固稳定，不开胶，不变形，具有超强的防虫蛀功能，阻燃、耐磨

缺点：收缩和膨胀小，若长期处于潮湿环境，容易发霉，影响使用寿命

软木地板

优点：更具环保性、隔音性，防潮效果也会更好些，带给人极佳的脚感

缺点：耐磨、抗压性不够，容易积灰，清洁麻烦

工艺解析

第一步：基层处理

先将基层清扫干净，并用水泥砂浆找平。弹线要求清晰、准确，不能有遗漏，同一水平要交圈；基层应干燥且做防腐处理（铺沥青油毡或防潮粉）。预埋件的位置、数量、牢固性要达到设计标准。

第二步：涂刷界面剂

第三步：细石混凝土做找平

地面的水平误差不能超过 2mm，超过则需要找平。如果地面不平整，不仅会导致整体地板不平整，还会有异响，严重影响地板质量。

第四步：铺设防潮膜

撒防虫粉、铺防潮膜。防虫粉主要起到防止地板起蛀虫的作用。防虫粉不需要满撒地面，可呈 U 形铺撒。防潮膜主要起到防止地板发霉变形的作用。防潮膜要满铺于地面，在重要的部分，甚至可铺设两层防潮膜。

第五步：铺设木地板

从边角处开始铺设，先顺着地板的竖向铺设，再并列横向铺设。铺设地板时不能太过用力，否则拼接处会凸起来。在固定地板时，要注意地板是否有端头裂缝、相邻地板高差过大或者拼板缝隙过大等问题。

木地板地面（悬浮式铺设法）实景效果图

复合地板通过不同的铺装方式，
也可以有很强的装饰效果。

▶▶ **木地板地面（架空铺设法）**

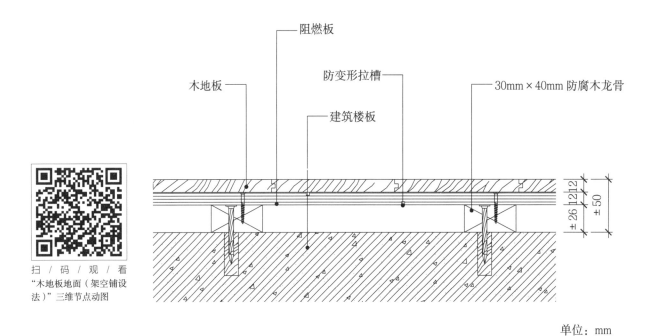

单位：mm

木地板地面（架空铺设法）节点图

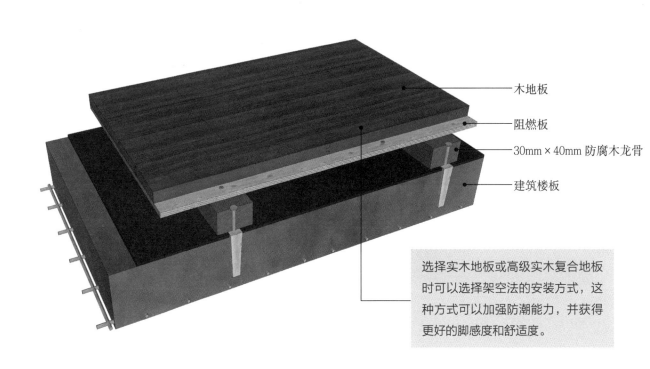

选择实木地板或高级实木复合地板时可以选择架空法的安装方式，这种方式可以加强防潮能力，并获得更好的脚感度和舒适度。

木地板地面（架空铺设法）三维示意图解析

/ 实木地板的分类 /

柚木

特点：重量中等，不易变形，防水、耐腐，稳定性好，它还含有极重的油质，这种油质使之保持不变形，且带有一种特别的香味

花梨木

特点：木质坚实，花纹精美，呈"八"字形，带有清香的味道。木纹较粗，纹理直且较多，呈红褐色。耐久度、强度较高

樱桃木

特点：色泽高雅，时间越长，颜色、木纹会越变越深。赤红的暖色，可装潢出高贵感觉

黑胡桃

特点：呈浅黑褐色带紫色，色泽较暗，结构均匀，稳定性好，容易加工，强度大、结构细，耐腐、耐磨，干缩性小

桃花芯木

特点：木质坚硬、轻巧，结构坚固，易加工。色泽温润、大气，木花纹绚丽、漂亮，变化丰富，密度中等，稳定性高，尺寸稳定，干缩率小，强度适中

枫木

特点：颜色淡雅，纹理美丽多变、细腻、高雅，花纹均匀而且细腻，易于加工，重量轻，韧性佳，软硬适中，不耐磨

小叶相思木

特点：木材细腻、密度大，呈黑褐色或巧克力色，结构均匀，强度及抗冲击韧性好，很耐腐

水曲柳木

特点：呈黄白色或褐色略黄，纹理明显但不均匀，木质结构粗，纹理直，花纹美丽，硬度较大，光泽强，略具蜡质感

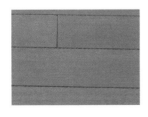

印茄木

特点：又称菠萝格木，结构略粗，纹理交错，重硬坚韧，稳定性能佳，花纹美观，芯材甚耐久，耐磨性能好

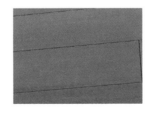

圆盘豆木

特点：颜色比较深，分量重。密度大，坚硬，抗击打能力很强。在中档实木地板中，圆盘豆木地板的稳定性能是比较好的

橡木

特点：又称柞木、栎木，纹理丰富美丽，花纹自然，具有比较鲜明的山形木纹。触摸表面有良好的质感，韧性极好，质地坚实

工艺解析

第一步：基层处理

先将基层清扫干净，并用水泥砂浆找平。弹线要求清晰、准确，不能有遗漏，同一水平要交圈；基层应干燥且做防腐处理（铺沥青油毡或防潮粉）。预埋件的位置、数量、牢固性要达到设计标准。

第二步：安装木格栅

根据设计要求，格栅可采用30mm×40mm或40mm×60mm截面木龙骨；也可以采用10mm~18mm厚、100mm左右宽的人造板条。

在进行木格栅固定前，按木格栅的间距确定木模的位置，用 ϕ16mm的冲击电钻在弹出的十字交叉点的水泥地面或楼板上打孔。孔深40mm左右，孔距300mm左右，然后在孔内下浸油木模。固定时用长钉将木格栅固定在木楔上。格栅之间要加横撑，横撑中距依现场及设计而定，与格栅垂直相交并用铁钉钉固，要求不松动。

600mm 左右

细石混凝土层一般厚 50mm

为了保持通风，应在木格栅上面每隔1000mm开深不大于10mm、宽20mm的通风槽。木格栅之间的空腔内应填充适量防潮粉或干焦渣、矿棉毡、石灰炉渣等轻质材料，起到保温、隔声、吸潮的作用，填充材料不得高出木格栅上边。

第三步：安装基层板

在木格栅的上方用自攻螺丝将基层板与木龙骨钉在一起，同时在基层板的背面开防变形拉槽。

第四步：铺设木地板

条形地板的铺设方向应考虑铺钉方便、固定牢固、实用美观等要求。对于走廊、过道等部位，应顺着行走的方向铺设；而室内房间，应顺光线铺设。对于多数房间而言，顺光线方向与行走方向是一致的。

木地板地面（架空铺设法）实景效果图

实木地板的花色自然，
具有变化，不死板。

4.2
水地暖空间的木地板地面

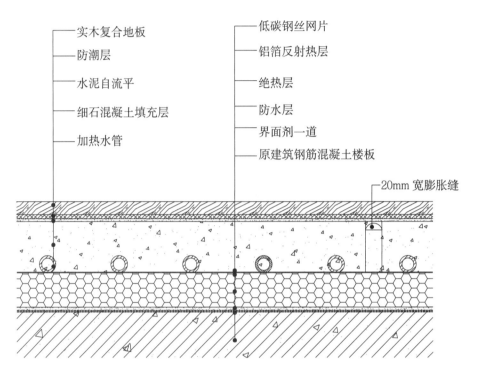

实木复合地板　　　　　　　　低碳钢丝网片
防潮层　　　　　　　　　　　铝箔反射热层
水泥自流平　　　　　　　　　绝热层
细石混凝土填充层　　　　　　防水层
加热水管　　　　　　　　　　界面剂一道
　　　　　　　　　　　　　　原建筑钢筋混凝土楼板
　　　　　　　　　　　　　　　　　　　20mm 宽膨胀缝

水地暖空间的木地板地面节点图

扫 / 码 / 观 / 看
"水地暖空间的木地板地
面"三维节点动图

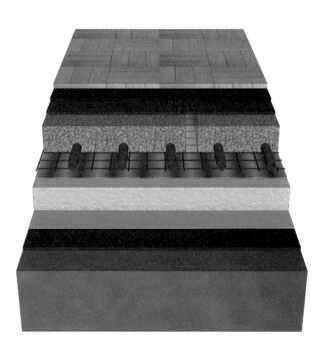

水地暖空间的木地板地面三维示意图

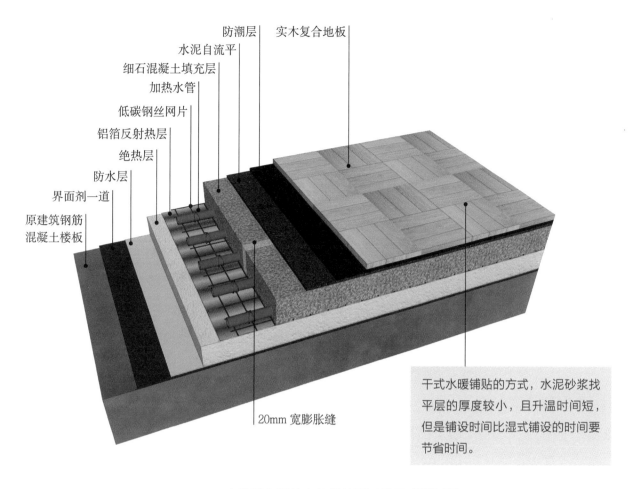

防潮层
水泥自流平
细石混凝土填充层
加热水管
低碳钢丝网片
铝箔反射热层
绝热层
防水层
界面剂一道
原建筑钢筋
混凝土楼板
实木复合地板

20mm 宽膨胀缝

干式水暖铺贴的方式，水泥砂浆找平层的厚度较小，且升温时间短，但是铺设时间比湿式铺设的时间要节省时间。

水地暖空间的木地板地面三维示意图解析

/ 实木地板的挑选 /

① 测量地板的含水率
国家标准规定木地板的含水率为 8%~13%。购买时先测展厅中选定的木地板含水率，然后再测未开包装的同材种、同规格的木地板的含水率，如果相差在 ±2%，可认为合格。

② 观测木地板的精度
木地板开箱后可取出 10 块左右徒手拼装，观察企口咬合、拼装间隙、相邻板间高度差。

③ 检查基材的缺陷
先查是否同一树种，是否混乱，地板是否有死节、活节、开裂、腐朽、菌变等缺陷。

④ 识别木地板材种
需要注意的是并非进口的材质就一定比国产材质好，我国许多地区的树种既好，价格又比同类进口的材质低。

⑤ 选择合适的尺寸
建议选择中短长度地板，其不易变形；长度、宽度过大的木地板相对容易变形。

工艺解析

第一步：基层处理

第二步：涂刷界面剂

第三步：做防水层

第四步：水泥砂浆保护层

第五步：做绝热层

第六步：铺铝箔反射热层

第七步：铺设低碳钢丝网片

涉及防水层的房间如卫生间、厨房等固定钢丝网时不允许打钉，管材或钢网翘曲时应采取措施，防止管材露出混凝土表面。

第八步：固定加热水管

第九步：压力测试

第十步：浇筑填充层

使用钢筋细石混凝土做填充层，要用人工将混凝土抹压密实，不得用机械振捣，不许踩压已铺设好的管道。

第十一步：水泥自流平做找平

倒入自流平中的水泥，观察其流出约 500mm 宽范围后，由手持长杆齿形刮板、脚穿钉鞋的操作工人在自流平水泥表面轻缓地进行第一遍梳理，导出自流平水泥内部气泡并辅助流平。当自流平流出约 1000mm 宽范围后，由手持长杆针形辊筒、脚穿钉鞋的操作工人在自流平水泥表面轻缓地进行第二遍梳理和滚压，提高自流平水泥的密实度。施工完成后需要及时对成品进行养护，必须要封闭现场 24 小时。在这段时间内需要避免行走或者冲击等情况出现，从而保证地面的质量不会受到影响。

第十二步：铺设防潮垫

第十三步：铺设木地板

木地板在铺设前需要在背面涂氟化钠防腐剂，再涂黏结剂。若是设计对燃烧性能有要求时，应按照消防部门的有关要求做相应的防火处理后，再安装在地面上。

水地暖空间的木地板地面实景效果图

实木复合地板也有如实木
地板一般自然的观感。

4.3
企口型复合地板地面

企口型复合木地板
地板专用消音垫
水泥自流平
30mm 厚 1：3 水泥砂浆找平层
界面剂一道
原建筑钢筋混凝土楼板

企口型复合地板地面节点图

扫 / 码 / 观 / 看
"企口型复合地板地面"
三维节点动图

企口型复合地板地面三维示意图

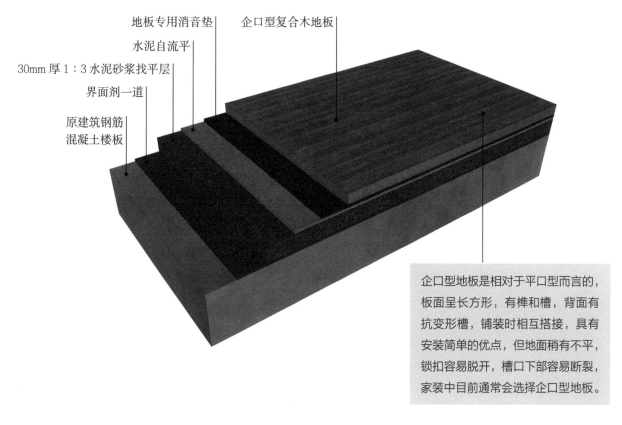

地板专用消音垫
水泥自流平
企口型复合木地板
30mm 厚 1：3 水泥砂浆找平层
界面剂一道
原建筑钢筋混凝土楼板

企口型地板是相对于平口型而言的，板面呈长方形，有榫和槽，背面有抗变形槽，铺装时相互搭接，具有安装简单的优点，但地面稍有不平，锁扣容易脱开，槽口下部容易断裂，家装中目前通常会选择企口型地板。

企口型复合地板地面三维示意图解析

工艺解析

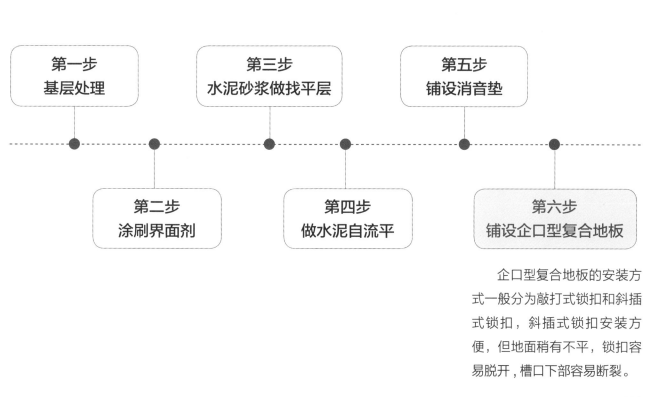

第一步
基层处理

第二步
涂刷界面剂

第三步
水泥砂浆做找平层

第四步
做水泥自流平

第五步
铺设消音垫

第六步
铺设企口型复合地板

企口型复合地板的安装方式一般分为敲打式锁扣和斜插式锁扣，斜插式锁扣安装方便，但地面稍有不平，锁扣容易脱开，槽口下部容易断裂。

企口型复合地板地面实景效果图

一般家用的复合地板都是企口型的，浅木色地板和家具木色相呼应，是典型的日式装饰风格。

4.4
PVC 地板地面

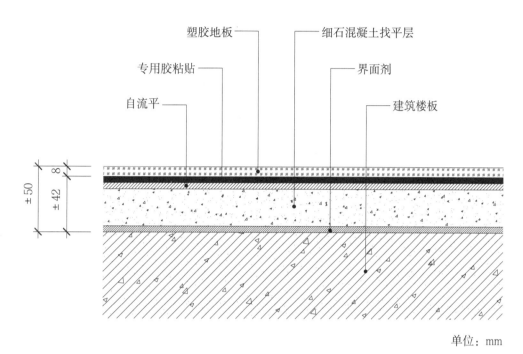

塑胶地板 ——⌐ ⌐—— 细石混凝土找平层
专用胶粘贴 ——⌐ ⌐—— 界面剂
自流平 ——⌐ ⌐—— 建筑楼板

单位：mm

PVC 地板地面节点图

PVC 地板地面节点图

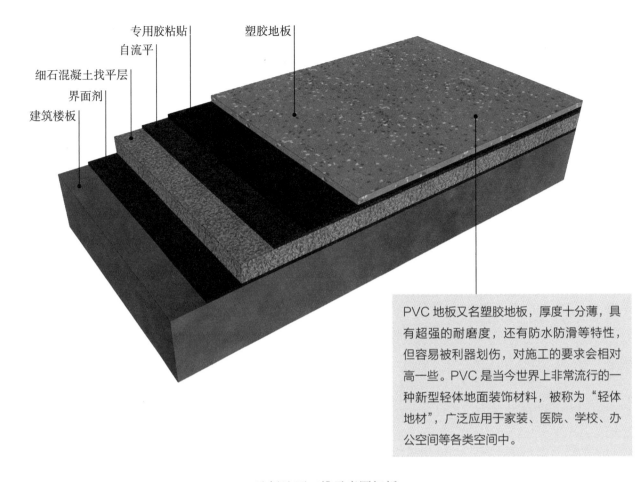

专用胶粘贴
自流平
细石混凝土找平层
界面剂
建筑楼板
塑胶地板

PVC 地板又名塑胶地板，厚度十分薄，具有超强的耐磨度，还有防水防滑等特性，但容易被利器划伤，对施工的要求会相对高一些。PVC 是当今世界上非常流行的一种新型轻体地面装饰材料，被称为"轻体地材"，广泛应用于家装、医院、学校、办公空间等各类空间中。

PVC 地板地面三维示意图解析

工艺解析

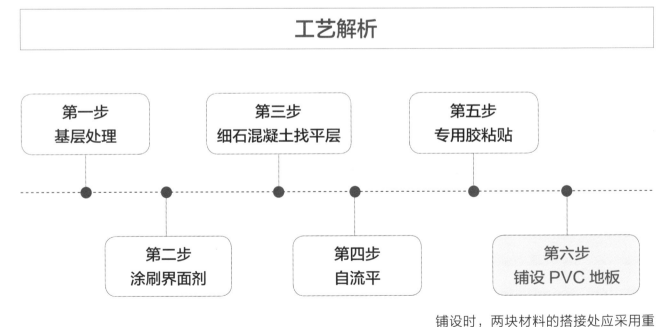

第一步
基层处理

第三步
细石混凝土找平层

第五步
专用胶粘贴

第二步
涂刷界面剂

第四步
自流平

第六步
铺设 PVC 地板

铺设时，两块材料的搭接处应采用重叠切割，一般是要求重叠 30mm，注意保持一刀割断。铺贴时，将卷材的一端卷折起来，然后刮胶于地面上。

PVC 地板地面实景效果图

PVC 地板具有优良的性能，还可用
于人流较多的场所。

4.5
防腐木地板地面

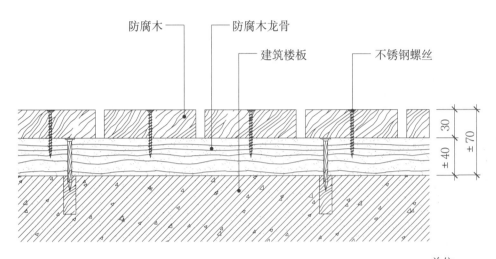

防腐木 —— 防腐木龙骨

建筑楼板 —— 不锈钢螺丝

30

±40 ±70

单位：mm

防腐木地板地面节点图

扫 / 码 / 观 / 看
"防腐木地板地面"三维
节点动图

防腐木地板地面三维示意图

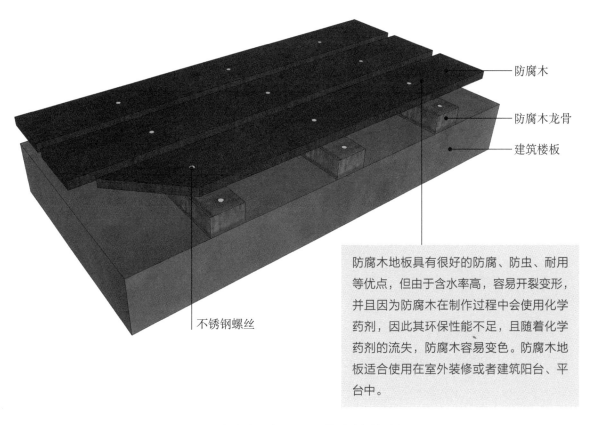

防腐木

防腐木龙骨

建筑楼板

不锈钢螺丝

防腐木地板具有很好的防腐、防虫、耐用等优点，但由于含水率高，容易开裂变形，并且因为防腐木在制作过程中会使用化学药剂，因此其环保性能不足，且随着化学药剂的流失，防腐木容易变色。防腐木地板适合使用在室外装修或者建筑阳台、平台中。

防腐木地板地面三维示意图解析

/ 常见的防腐木种类 /

樟子松	北欧赤松	南方松	菠萝格	花旗松

樟子松
主要产于俄罗斯，直接采用高压渗透法做全断面防腐处理，纹理细直，变形系数较小，性价比高

北欧赤松
又称芬兰木，密度高、强度高、握钉力强。质量上乘的赤松，经过特殊防腐处理后，具有防腐烂、防白蚁、防真菌的功效

南方松
又称黄松，特性与樟子松相似，具有优异的握钉力，是韧度最高的西部软木，高耐磨、高防腐。防腐剂可直达木芯，安装过程可任意切割，断面无须再刷防腐涂料

菠萝格
具有极强的耐腐蚀性，稳定性强，抗白蚁性能强，还具有红木的一些特性，如抗潮湿

花旗松
是加拿大强度最大的商用软木之一，边材颜色浅、宽度窄，纹路笔直，具有非渗水性，握钉力强，结构性能强

工艺解析

第一步：基层处理

将施工现场清理干净，地面施工质量要达到设计要求，做好防水、隔潮和隔气处理。

第二步：安装防腐木龙骨

先将龙骨在地面上找平，用螺丝和木方固定龙骨，龙骨可连接成框架或井字架结构，能够保持防腐木材与地面之间的空气流通，延长木龙骨基层的使用寿命。

龙骨的间距为 400mm，横撑龙骨的间距可达 900mm。

第三步：固定防腐木

防腐木若是固定于室外时，必须选用 ≥ 20mm 厚度的防腐木；若是设计中需要对防腐木地板进行开槽，那么则须选用 ≥ 35mm 厚度的防腐木。

若是使用在有防水层的阳台时，施工时要避免破坏防水层，必要时可以用水泥砂浆来固定底座。

铺设是应错缝交叉铺设，防腐木地板间应留至少 2mm~3mm 的缝隙，可避免胀大时挤压变形，若位于雨量较大的区域，则建议缝隙更大一些，至少 5mm~8mm，还可以有效地排水。

第四步：涂刷涂料

可以对防腐木进行加工和涂刷涂料做保护，若是遇到阴雨天，最好避免施工。

第五步：完工维护

涂料涂刷完毕后，48 小时内应避免人、货等重物经过，以免破坏防腐木的保护膜，还可以另加户外木油来加强防脏处理。1~2 年做一次维护即可。

防腐木地板地面实景效果图

防腐木一般用于室外空间，若用在室内空间
时都会用在阳台的位置。简约的阳台地面上
铺上了质感自然、厚重的地板，让整个空间
沐浴在大自然的环境下。

4.6
运动木地板地面

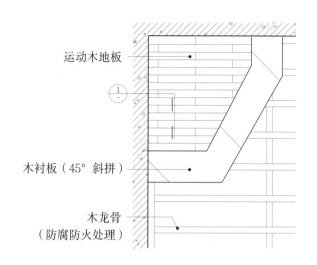

运动木地板

木衬板（45°斜拼）

木龙骨
（防腐防火处理）

运动木地板平面图

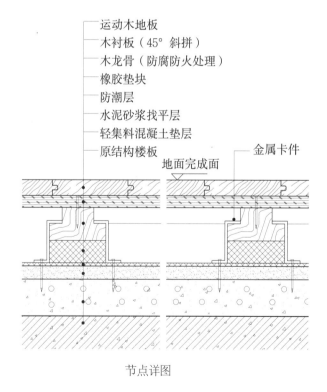

运动木地板
木衬板（45°斜拼）
木龙骨（防腐防火处理）
橡胶垫块
防潮层
水泥砂浆找平层
轻集料混凝土垫层
原结构楼板

地面完成面

金属卡件

节点详图

运动木地板地面节点图

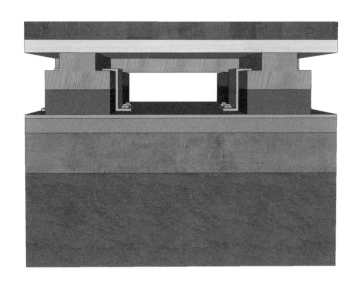

运动木地板地面三维示意图

运动木地板是一种具有优良的承载性能,高吸震性能,抗变形性能的运动木地板系统,并且其表面的摩擦系数必须达到 0.4~0.7,太滑或太涩都会对运动员造成伤害。不过运动木地板都怕潮,而且不能直接晒太阳,容易产生裂痕。

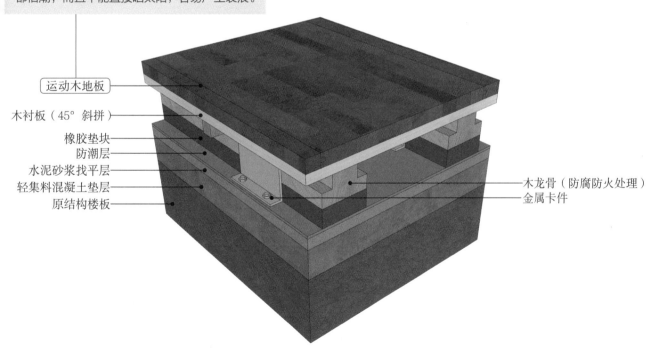

运动木地板

木衬板（45°斜拼）

橡胶垫块

防潮层

水泥砂浆找平层

轻集料混凝土垫层

原结构楼板

木龙骨（防腐防火处理）

金属卡件

运动木地板地面三维示意图解析

工艺解析

第一步：基层处理

在安装运动木地板前应先检查地面是否做了防水，然后对基层进行清扫，铲除水泥砂浆等虚浮物进行备用，并且对基层用水准仪进行找平，检查出高低差值。

第二步：轻集料混凝土做垫层

第三步：水泥砂浆做找平层

第四步：做防潮层

第五步：放基准线

按照施工设计图纸每 400mm×400mm 中心线放出木龙骨的安装线，并确定基准点。

第六步：橡胶垫块

橡胶垫块是保证运动木地板震动吸收的关键构件，每间隔 400mm 安装一块橡胶垫块。

第七步：木龙骨

木龙骨要做防腐、防火处理，木龙骨安装在橡胶垫块的正上方，用金属卡件将木龙骨、橡胶垫块与基层进行固定。

第八步：木衬板

为了使木地板负力均匀，木衬板直接安装，木衬板与墙边收口处应预留 20mm~40mm 的伸缩缝。

第九步：铺设运动木地板

从中心十字线向两侧铺设运动木地板，一块一块地逐步铺钉到墙角边，每铺钉一块运动木地板，要用带企口的小木抗垫着敲打几下，地板与地板之间应有 3mm~5mm 的膨胀缝，不能砸得太紧，防止损伤地板表面及棱角。

运动木地板地面实景效果图

运动木地板给篮球馆增加了
自然、温馨的氛围。

4.7
舞台木地板地面

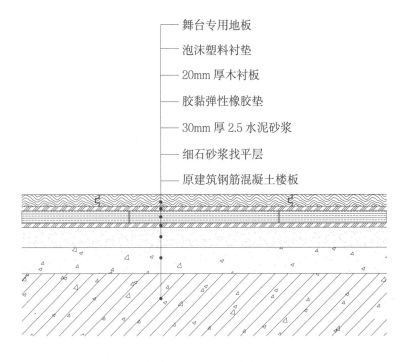

舞台专用地板

泡沫塑料衬垫

20mm 厚木衬板

胶黏弹性橡胶垫

30mm 厚 2.5 水泥砂浆

细石砂浆找平层

原建筑钢筋混凝土楼板

舞台木地板地面节点图

扫 / 码 / 观 / 看
"舞台木地板地面"三维
节点动图

舞台木地板地面三维示意图

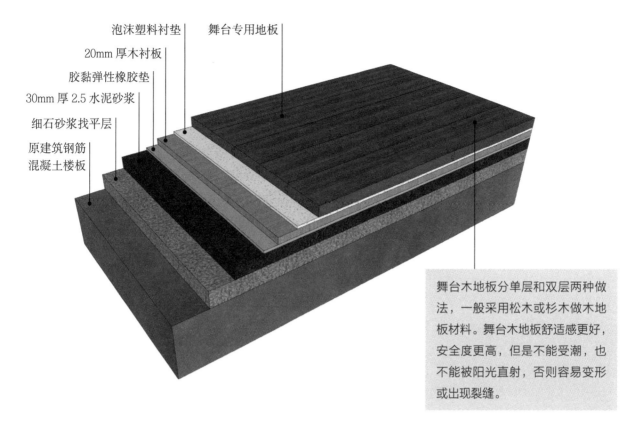

泡沫塑料衬垫

20mm 厚木衬板

胶黏弹性橡胶垫

30mm 厚 2.5 水泥砂浆

细石砂浆找平层

原建筑钢筋混凝土楼板

舞台专用地板

舞台木地板分单层和双层两种做法，一般采用松木或杉木做木地板材料。舞台木地板舒适感更好，安全度更高，但是不能受潮，也不能被阳光直射，否则容易变形或出现裂缝。

舞台木地板地面三维示意图解析

工艺解析

45° 斜拼 20mm 厚木衬板，留 2mm 缝隙。

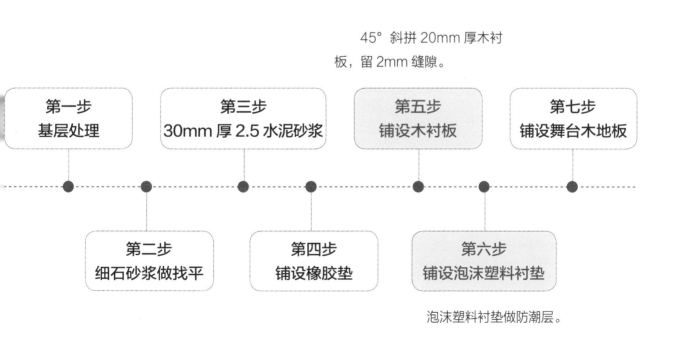

| 第一步 基层处理 | 第三步 30mm 厚 2.5 水泥砂浆 | 第五步 铺设木衬板 | 第七步 铺设舞台木地板 |

| 第二步 细石砂浆做找平 | 第四步 铺设橡胶垫 | 第六步 铺设泡沫塑料衬垫 |

泡沫塑料衬垫做防潮层。

舞台木地板通常使用在各类体育场
馆和剧院舞台上，能够最大限度地
满足各种不同舞台表演节目的技术，
并且一定程度上保护演员。

舞台木地板地面实景效果图

4.8
网络地板地面

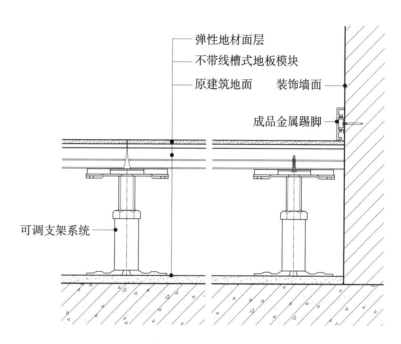

架空网络地板节点详图（阴角）

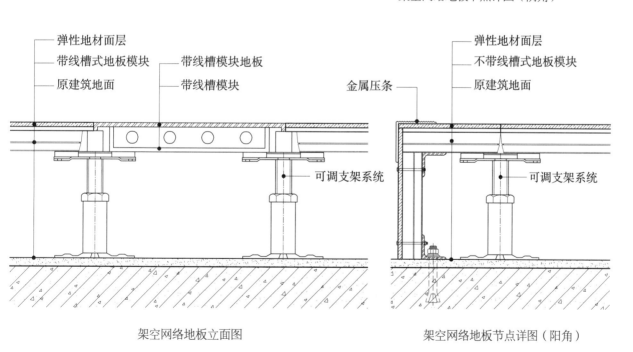

架空网络地板立面图

架空网络地板节点详图（阳角）

网络地板地面节点图

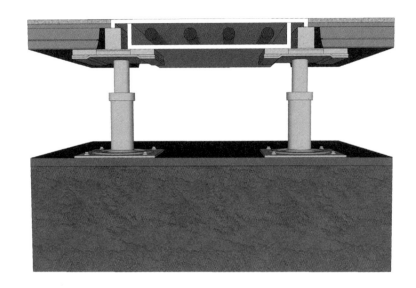

网络地板地面三维示意图

网络地板将电线等隐藏在面层材料
下方,有利于网络综合布线,减少
安装时间,但是装饰效果比较单一,
更适用于现代智能化的办公空间。

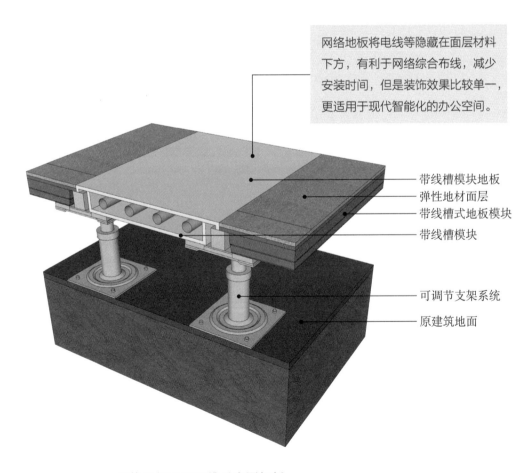

带线槽模块地板
弹性地材面层
带线槽式地板模块
带线槽模块

可调节支架系统
原建筑地面

网络地板地面三维示意图解析

工艺解析

在已弹好线的网
格交点处安装支架。

在确定好网络地板面层下的电缆、
管线等无误后再铺设面层及盖板。

第一步
基层处理

第三步
安装支架系统

第五步
安装带线槽模块

第七步
固定带线槽模块盖板

第二步
定位、弹线

第四步
安装地板模块

第六步
安装弹性地材面层

根据室内空间的长宽，找
到空间的中心，再根据设计图
纸进行套方、分格、弹线。

在网络地板上直接铺设地毯，既起到
装饰效果，又能达到布线便利的作用。

网络地板地面实景效果图

4.9
防静电地板地面

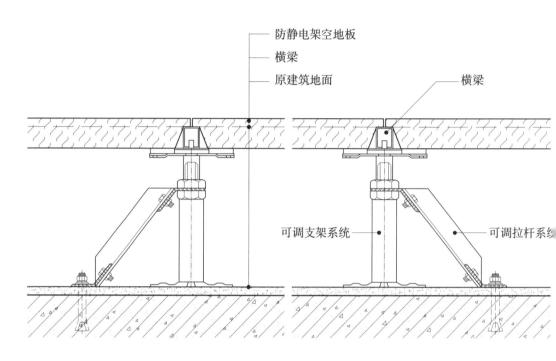

防静电架空地板
横梁
原建筑地面
横梁
可调支架系统
可调拉杆系统

防静电地板地面节点图

扫 / 码 / 观 / 看
"防静电地板地面"三维
节点动图

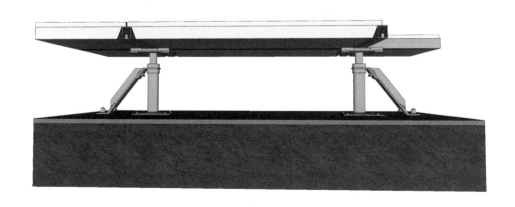

防静电地板地面三维示意图

防静电地板防静电性能稳定，安装速度快，但是易老化，抗污能力差，不易清洁。在接地或连接到任何较低电位点时，能够使电荷耗散，当地板架空高度 ≥ 500mm 时需加可调拉杆系统。

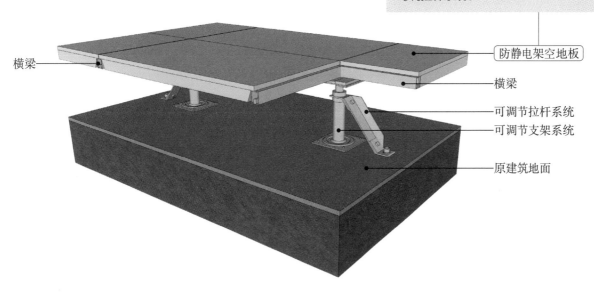

横梁

防静电架空地板

横梁

可调节拉杆系统

可调节支架系统

原建筑地面

防静电地板地面三维示意图解析

工艺解析

将需要安装的支架调整到同一高度，并将支架摆放到已弹线的十字交叉处。

用螺丝将横梁固定到支架上，并用水平尺校正，使之在同一平面上互相垂直。用吸板器在组装好的横梁上放置地板。

| 第一步 基层处理 | 第三步 安装支架 | 第五步 固定横梁 | 第七步 封边 |

第二步 弹线

第四步 安装拉杆

第六步 安装防静电地板

防静电地板地面实景效果图

防静电地板因其特性通常被使用
在机房、实验室等特殊空间内。

5

地毯类地面节点

　　地毯是以天然或合成纤维为原料编织而成的一种地材，集装饰性和实用性为一体。其图案丰富、色彩绚丽、造型多样，脚感舒适、弹性极佳、有温暖感，且具备良好的防滑性，人在上面不易滑倒和磕碰。表面绒毛可以捕捉、吸附空气中的尘埃颗粒，有效地改善室内空气质量并隔绝声波。冬天可以保暖，夏天可以防止冷气流失，达到调温、节约能源的目的。根据产品形态可分为块毯和满铺地毯，两种形态的施工方式不同，根据使用空间来选择地毯。

块毯铺贴地面

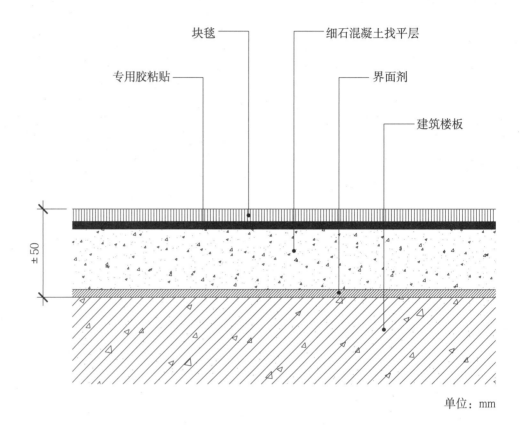

块毯   细石混凝土找平层

专用胶粘贴   界面剂

建筑楼板

±50

单位：mm

块毯铺贴地面节点图

块毯铺贴地面三维示意图

扫 / 码 / 观 / 看
"块毯铺贴地面"三维节
点动图

块毯的铺设方式简单而灵活，位置可以随意变动，给设计提供了更大的选择性，且能够随意更换部分磨损严重的区域，对施工场地没有要求，很适合用在办公空间中。

专用胶粘贴

细石混凝土找平层

界面剂

建筑楼板

块毯

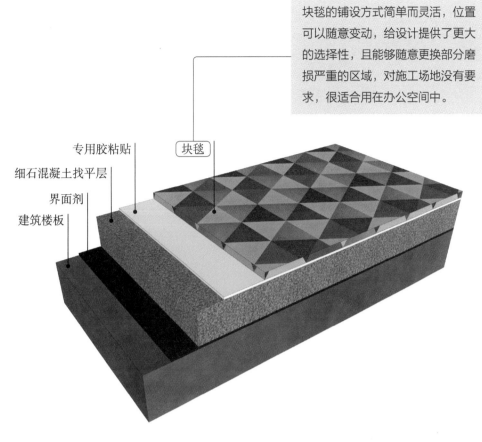

块毯铺贴地面三维示意图解析

/ 常见的地毯分类 /

羊毛地毯	尼龙地毯	涤纶和腈纶地毯	丙纶纤维地毯
导电性能好，不产生静电，抗污染，易清洗，弹性好，阻燃性能最佳，吸湿性能好，导致洗后不易干燥	又称聚酰胺纤维地毯，刚性好，易染色，弹性也好	涤纶是化学纤维中阻燃效果最好的，但染色时对温度要求极高 腈纶染色方便，色泽鲜艳，但刚性不好，弹性差，不作为地毯原料单独使用	刚性好，回弹性能好，但不抗老化，日晒牢度差，阻燃性能差

工艺解析

第一步：基层处理

先将基层清扫干净，并用水泥砂浆找平。弹线要求清晰、准确，不能有遗漏，同一水平要交圈；基层应干燥且做防腐处理（铺沥青油毡或防潮粉）。预埋件的位置、数量、牢固性要达到设计标准。

第二步：实量放线

在铺装之前必须进行实量，准确记录各个数据，根据计算的下料尺寸在地毯背面弹线。

第三步：裁切地毯

若有花纹，需要提前预铺、配花并编号，再根据弹线将空间边缘处的块毯进行准确的裁切，并清理拉掉的纤维。

第四步：涂刷界面剂

涂刷一层界面剂，增加基层和找平层的黏性。

第五步：细石混凝土做找平层

第六步：铺贴块毯

块毯的胶黏方式有两种，一是将地毯虚铺在地面上，将地毯卷起，在其背面涂刷专用胶；二是将块毯卷起，在两块块毯的拼接处用胶纸贴于缝合处，块毯的四个角都要重复该动作，如此既能固定地毯和地面，又能将相邻的地毯相连接，防止卷起。

块毯铺贴地面实景效果图

深色的地毯耐脏，同时不同深浅的色块拼接在一起，让办公空间内的地面看上去更加灵动。

5.2
满铺地毯铺贴地面

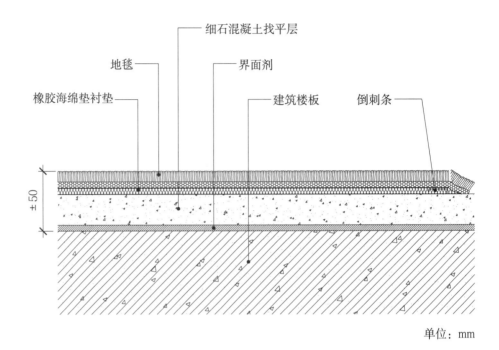

细石混凝土找平层
地毯
界面剂
橡胶海绵垫衬垫
建筑楼板
倒刺条

±50

单位：mm

满铺地毯铺贴地面节点图

满铺地毯铺贴地面三维示意图

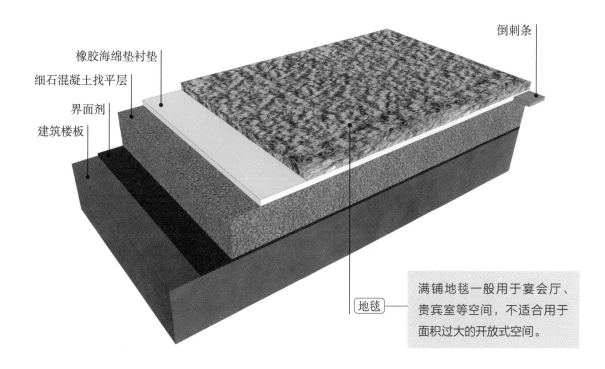

橡胶海绵垫衬垫
细石混凝土找平层
界面剂
建筑楼板
倒刺条
地毯

满铺地毯一般用于宴会厅、贵宾室等空间，不适合用于面积过大的开放式空间。

满铺地毯铺贴地面三维示意图解析

工艺解析

先缝合地毯，将裁好的地毯虚铺在衬垫上，然后将地毯卷起，在地毯的拼缝处用烫带或狭条麻条带进行黏结，用塑料胶纸贴于缝合处，保护接缝处不被划破或勾起。铺粘地毯时，用地毯撑子向两边撑拉，挂在倒刺条上，再沿墙边刷两条胶粘剂，将地毯压平掩边。

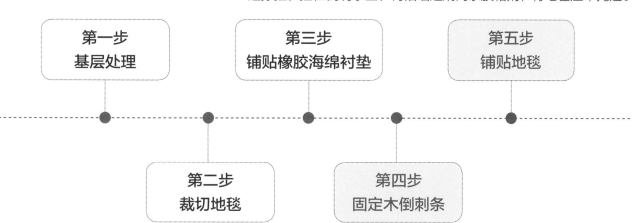

第一步
基层处理

第二步
裁切地毯

第三步
铺贴橡胶海绵衬垫

第四步
固定木倒刺条

第五步
铺贴地毯

沿房间四周靠墙角 1cm~2cm 处，将木倒刺条用钉条或螺丝固定于基层上。在门口处可以用铝合金卡条或锑条固定，卡条或锑条内均有倒刺，可扣牢地毯，可以防止地毯被踢起和边缘受损，并达到美观的效果。

满铺地毯铺贴地面实景效果图

满铺地毯的铺设效果更好，没有缝隙，更加具有整体性。但是更换时需要整体全部更换，成本较高。

5.3
地暖空间地毯铺贴地面

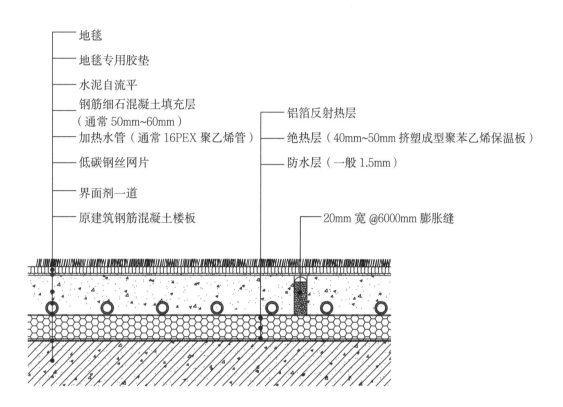

地毯
地毯专用胶垫
水泥自流平
钢筋细石混凝土填充层
（通常 50mm~60mm）
加热水管（通常 16PEX 聚乙烯管）
低碳钢丝网片
界面剂一道
原建筑钢筋混凝土楼板

铝箔反射热层
绝热层（40mm~50mm 挤塑成型聚苯乙烯保温板）
防水层（一般 1.5mm）

20mm 宽 @6000mm 膨胀缝

地暖空间地毯铺贴地面节点图

扫 / 码 / 观 / 看
"地暖空间地毯铺贴地
面"三维节点动图

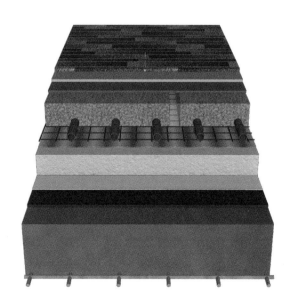

地暖空间地毯铺贴地面三维示意图

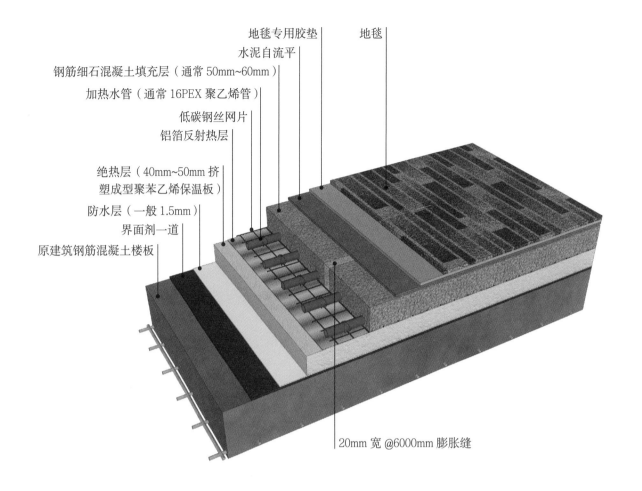

地暖空间地毯铺贴地面三维示意图解析

—— / **地毯的选购要点** / ——

① **材质辨别**

简单的鉴别方法一般采取燃烧法和手感、观察相结合的方法，棉的燃烧速度快，灰末细而软，其气味似燃烧纸张，纤维细而无弹性，无光泽；羊毛燃烧速度慢，有烟有泡，灰多且呈脆块状，其气味似燃烧的头发；化纤及混纺地毯燃烧后熔融成胶体并可拉成丝状。

② **绒头密度**

观察地毯的绒头密度，产品的绒头质量高，地毯弹性好、耐踩踏、耐磨损、舒适耐用。

③ **色牢度**

选择地毯时，可用手或布在毯面上反复摩擦数次，看手或布上是否沾有颜色，如果沾有颜色，则说明该产品的色牢度不佳，易出现变色和掉色。

④ **外观质量**

察看地毯的毯面是否平整，毯边是否平直，有无瑕疵、油污斑点、色差，避免地毯在铺设使用中出现起鼓、不平等现象，失去舒适、美观的效果。

工艺解析

第一步：基层处理

将基层表面清理平整，保证无凹坑、麻面、裂缝，并清洁干净，高低不平处应预先用水泥砂浆填嵌平整。

第二步：涂刷界面剂

涂刷界面剂，以增强基层与防水层之间的连接性。

第三步：防水施工

第四步：做保护层

平铺 10mm 厚的水泥砂浆做防水保护层。

第五步：做绝热层

第六步：铺设铝箔反射热层

铺设铝箔反射热层时注意，铝箔要平整、无褶皱、翘边等情况。

第七步：铺设钢丝网片

在铝箔上铺一层钢丝网，铺设要严整严密，不平或翘边的位置用钢钉固定在楼板上。

第八步：固定加热水管

第九步：压力测试

第十步：填充混凝土

第十一步：做自流平

第十二步：铺设专用胶垫

第十三步：铺设地毯

铺放裁割后的地毯，然后用地毯撑子向两边撑拉，再沿墙边刷两条胶黏剂，将地毯滚压平整。

地暖空间地毯铺贴地面实景效果图

地毯相比其他地面材料，保温效果
更好，脚感也更加舒适。

6

其他地面节点

除了常规的石材、木地板、地毯外，还有很多其他材料和结构的地面，如玻璃地面、发光地面、地台、地沟及轨道门槛等。通常玻璃地面被运用在多层别墅或者复式当中，且很少会大面积使用在室内空间，在商业空间中采用玻璃地面能够加强空间感，避免空间的单一化。发光地面则是在玻璃地面的基础上增加了照明的灯具，但安装时要注意电路走线等问题。

地台是空间中常见的结构，根据适用场景来选择砌筑和钢架两种结构。地沟是建筑中需要注意的结构，家居空间中一般只有别墅类的空间在施工时需要注意其节点，铝型材是常见的结构材料，通常被用于轨道等位置，因此其轨道门槛的安装也尤为重要。

6.1
玻璃地面

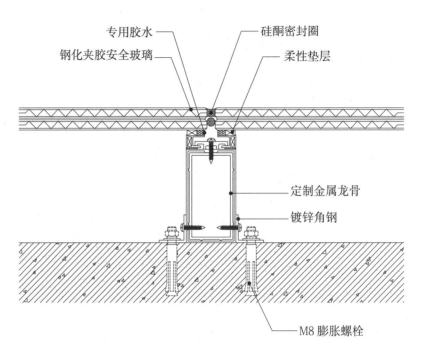

专用胶水 — 硅酮密封圈
钢化夹胶安全玻璃 — 柔性垫层

定制金属龙骨
镀锌角钢

M8 膨胀螺栓

玻璃地面节点图

扫 / 码 / 观 / 看
"玻璃地面" 三维节点动
图

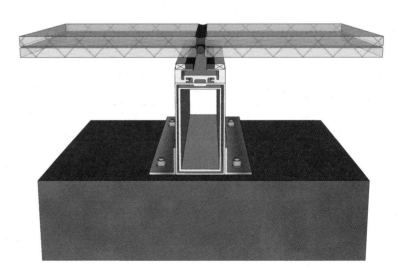

玻璃地面三维示意图

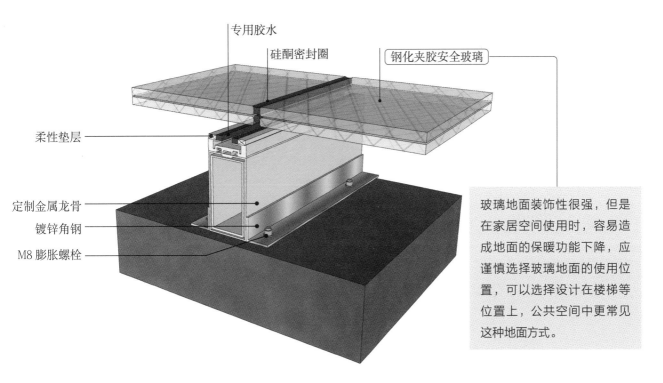

专用胶水

硅酮密封圈

钢化夹胶安全玻璃

柔性垫层

定制金属龙骨

镀锌角钢

M8 膨胀螺栓

玻璃地面装饰性很强，但是在家居空间使用时，容易造成地面的保暖功能下降，应谨慎选择玻璃地面的使用位置，可以选择设计在楼梯等位置上，公共空间中更常见这种地面方式。

玻璃地面三维示意图解析

/ 常见的玻璃分类 /

单层钢化玻璃

特点：硬度大，抗弯能力强，抗冲击强度好，使用安全。但是在温差变化大时有自爆的风险，而且钢化玻璃只能在钢化前就对玻璃进行切割和加工，有一定的工期

双层钢化玻璃

特点：比单层钢化玻璃更加保温、隔音。但是两片玻璃之间的空气层没有采用有效的密封材料进行密封，灰尘、水汽容易进入两片玻璃间，因此双层玻璃不常用在建筑当中

夹层钢化玻璃

特点：比钢化玻璃黏合力强、不易破碎，透明度好，抗击能力强，隔热、隔音，安全性也更高，还有防紫外线的能力，但容易被水浸透，机械强度和热稳定性没有钢化玻璃好

复合中空钢化玻璃

特点：隔热、隔音效果好，不结霜，但是寿命短，只有 5 年左右，而且灰尘比较难清理

工艺解析

第一步：基层处理

将基层清理干净，无杂物，且地面平整无明显的高低不平，表面灰尘清理干净，刷防尘涂料。

第二步：定位弹线

根据设计图纸弹出玻璃地坪的位置，并根据分格进行弹线，同时把标高线弹在四周墙壁上，便于施工时操作控制。

第三步：安装金属龙骨

按照设计要求确定高度，按照四周墙面上弹出的标高控制线和基层的分格线安装金属龙骨。金属龙骨用镀锌角钢和膨胀螺栓进行固定。

第四步：固定柔性垫层

用胶水将垫层与金属龙骨相固定。

第五步：铺设夹层玻璃

在铺设玻璃时需要调整水平高度，保证四个角的接口处接触顺畅并且连接紧密，在接口处使用硅酮密封胶，防止水泄露到玻璃地面的下方。

玻璃地面实景效果图

若是小面积的可使用整块玻璃，无接缝处则不会有密封胶，装饰效果会更好，空间上下更加具有通透感。

6.2
发光地面

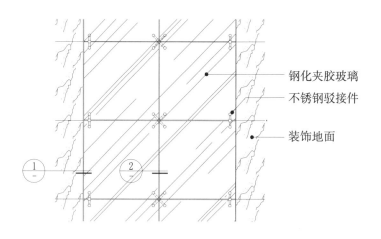

钢化夹胶玻璃

不锈钢驳接件

装饰地面

发光地面平面示意图

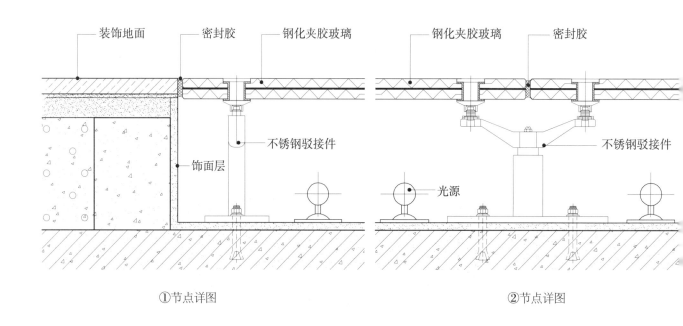

装饰地面　　密封胶　　钢化夹胶玻璃　　　　　钢化夹胶玻璃　　密封胶

不锈钢驳接件

饰面层

不锈钢驳接件

光源

①节点详图　　　　　　　　　　　　　　　②节点详图

发光地面节点图

扫 / 码 / 观 / 看
"发光地面"三维节点动
图

发光地面三维示意图

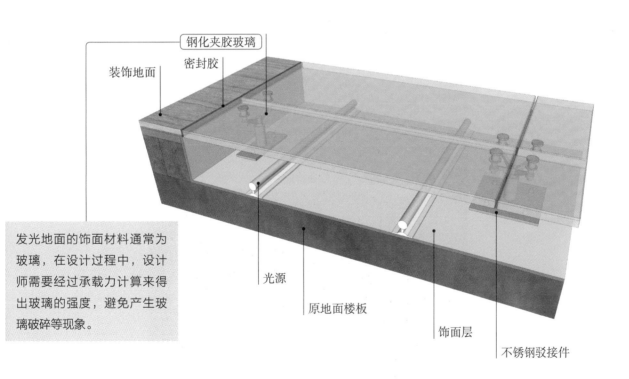

钢化夹胶玻璃

装饰地面

密封胶

发光地面的饰面材料通常为
玻璃,在设计过程中,设计
师需要经过承载力计算来得
出玻璃的强度,避免产生玻
璃破碎等现象。

光源

原地面楼板

饰面层

不锈钢驳接件

发光地面三维示意图解析

工艺解析

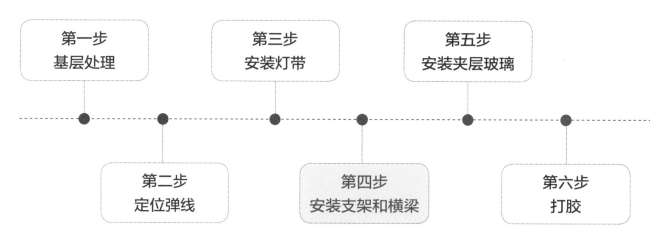

第一步
基层处理

第二步
定位弹线

第三步
安装灯带

第四步
安装支架和横梁

第五步
安装夹层玻璃

第六步
打胶

根据弹线的位置确定支架的安装位置，安装好后，再架上横梁，支架的每个螺帽在调平后均需拧紧，形成连接。

发光地面除了整面发光的形式外，还可以通过置入粗糙有质感的工艺品，再用筒灯或射灯进行照射的方式，来达成艺术感的效果。

发光地面实景效果图

6.3
砌筑地台

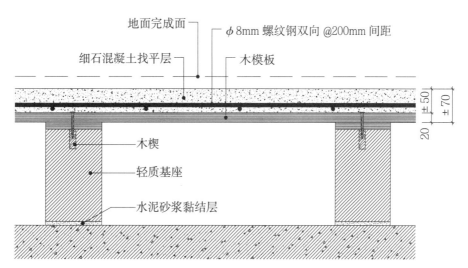

地面完成面　　φ8mm 螺纹钢双向 @200mm 间距

细石混凝土找平层　　木模板

木楔

轻质基座

水泥砂浆黏结层

单位：mm

砌筑地台节点图

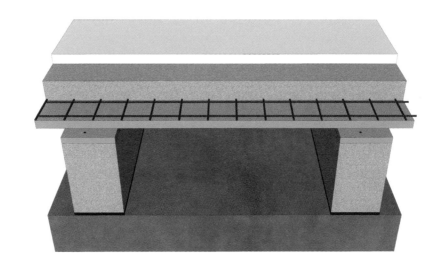

砌筑地台三维示意图

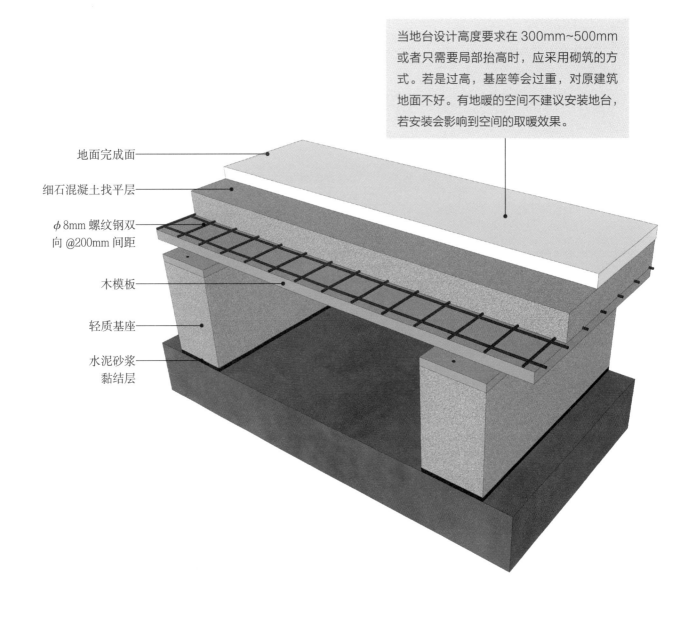

当地台设计高度要求在 300mm~500mm 或者只需要局部抬高时，应采用砌筑的方式。若是过高，基座等会过重，对原建筑地面不好。有地暖的空间不建议安装地台，若安装会影响到空间的取暖效果。

地面完成面

细石混凝土找平层

φ8mm 螺纹钢双向 @200mm 间距

木模板

轻质基座

水泥砂浆黏结层

砌筑地台三维示意图解析

工艺解析

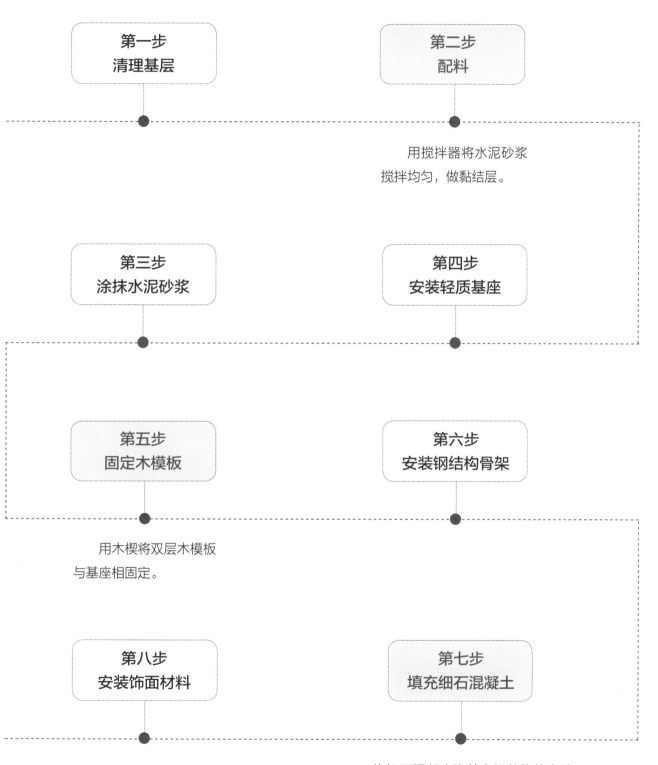

第一步	第二步
清理基层	配料

用搅拌器将水泥砂浆
搅拌均匀，做黏结层。

第三步	第四步
涂抹水泥砂浆	安装轻质基座

第五步	第六步
固定木模板	安装钢结构骨架

用木楔将双层木模板
与基座相固定。

第八步	第七步
安装饰面材料	填充细石混凝土

将细石混凝土浇筑在钢结构的空隙
中，做填充的同时，还可以做找平层。

双层台阶的地台将空间变成了更
加具有互动性，可作为休闲娱乐
的空间，同时一整面的收纳柜增
加了使用频率和实用性。

砌筑地台实景效果图

6.4
钢架地台

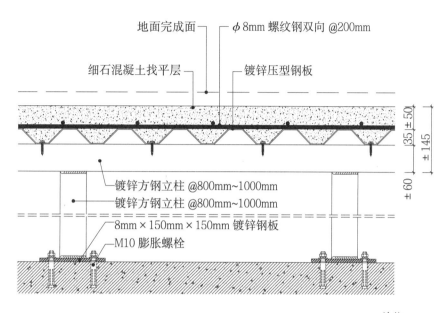

地面完成面 ——— ┌— φ8mm 螺纹钢双向 @200mm

细石混凝土找平层 ——— ┌— 镀锌压型钢板

镀锌方钢立柱 @800mm~1000mm
镀锌方钢立柱 @800mm~1000mm
8mm × 150mm × 150mm 镀锌钢板
M10 膨胀螺栓

单位：mm

钢架地台节点图

扫 / 码 / 观 / 看
"钢架地台" 三维节点动图

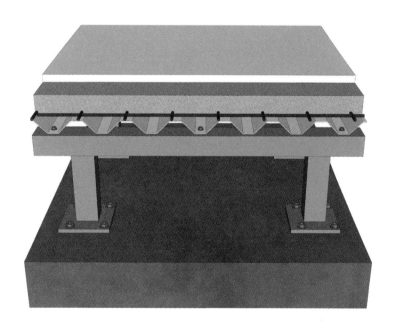

钢架地台三维示意图

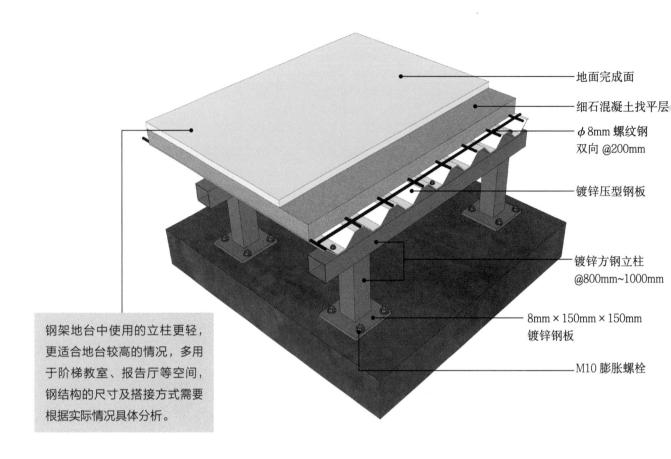

地面完成面

细石混凝土找平层

ϕ8mm 螺纹钢
双向 @200mm

镀锌压型钢板

镀锌方钢立柱
@800mm~1000mm

8mm × 150mm × 150mm
镀锌钢板

M10 膨胀螺栓

钢架地台中使用的立柱更轻，更适合地台较高的情况，多用于阶梯教室、报告厅等空间，钢结构的尺寸及搭接方式需要根据实际情况具体分析。

钢架地台三维示意图解析

工艺解析

根据弹线的位置确定
预埋件，并进行安装。

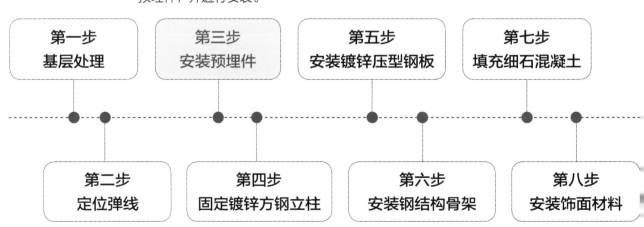

| 第一步 基层处理 | 第三步 安装预埋件 | 第五步 安装镀锌压型钢板 | 第七步 填充细石混凝土 |

| 第二步 定位弹线 | 第四步 固定镀锌方钢立柱 | 第六步 安装钢结构骨架 | 第八步 安装饰面材料 |

钢架地台实景效果图

阶梯教室中间还有放置桌椅的位
置，能够满足学生的学习需求，
兼具了多媒体教室的功能。

6.5
地沟处做法

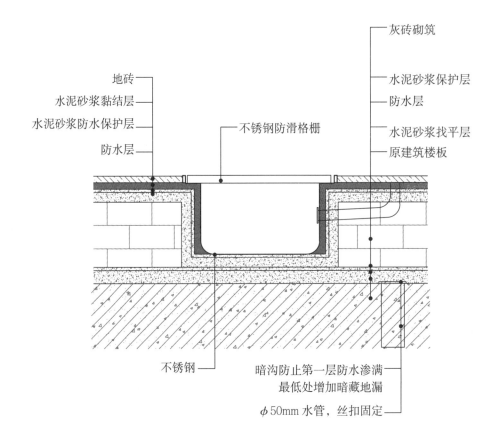

地砖
水泥砂浆黏结层
水泥砂浆防水保护层
防水层

不锈钢防滑格栅

灰砖砌筑
水泥砂浆保护层
防水层
水泥砂浆找平层
原建筑楼板

不锈钢

暗沟防止第一层防水渗满
最低处增加暗藏地漏

ϕ50mm 水管，丝扣固定

地沟处做法节点图

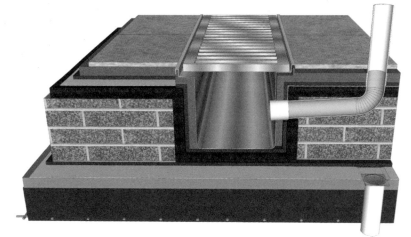

扫 / 码 / 观 / 看
"地沟处做法"三维节点
动图

地沟处做法三维示意图

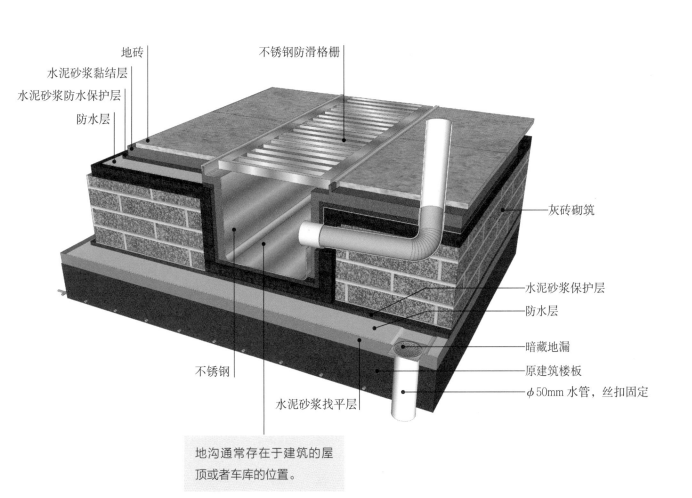

地砖

不锈钢防滑格栅

水泥砂浆黏结层

水泥砂浆防水保护层

防水层

灰砖砌筑

水泥砂浆保护层

防水层

暗藏地漏

原建筑楼板

不锈钢

φ50mm 水管，丝扣固定

水泥砂浆找平层

地沟通常存在于建筑的屋顶或者车库的位置。

地沟处做法三维示意图解析

工艺解析

第一步：基层处理

第二步：水泥砂浆做找平

第三步：做防水层

涂刷 JS 防水涂料或者聚氨酯涂膜做第一次防水，厚度一般为 1.5mm。

第四步：做防水保护层

1：3 的水泥砂浆做第一次防水保护，厚度一般为 10mm。

第五步：砌筑灰砖

在砌筑灰砖的过程中要注意留出水管的位置，用丝扣将水管固定好。

第六步：水泥砂浆做找平层

1：3 的水泥砂浆做找平层时，铺设厚度一般为 30mm。

第七步：做二次防水

在完成水沟的砌筑后，对其涂刷 JS 防水涂料或者聚氨酯涂膜做第二次防水，厚 1.5mm。

第八步：做防水保护层

第九步：水泥砂浆做黏结层

第十步：铺设 1.5mm 厚不锈钢

第十一步：安装不锈钢防滑格栅

第十二步：素水泥膏一道

第十三步：铺设地砖

地沟处做法实景效果图

地沟一般会沿着屋顶的边缘设置，
在屋顶花园中十分常见。

6.6
铝型材轨道门槛

▶▶ 铝型材轨道门槛（高于地面）

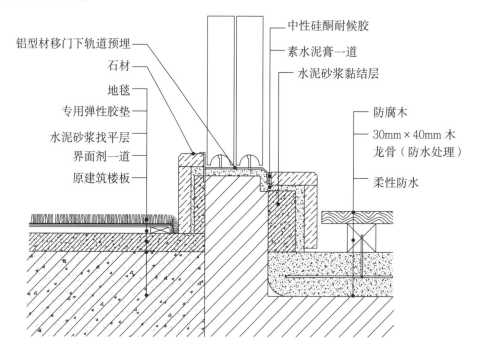

铝型材移门下轨道预埋
石材
地毯
专用弹性胶垫
水泥砂浆找平层
界面剂一道
原建筑楼板

中性硅酮耐候胶
素水泥膏一道
水泥砂浆黏结层

防腐木
30mm×40mm 木龙骨（防水处理）
柔性防水

铝型材轨道门槛（高于地面）节点图

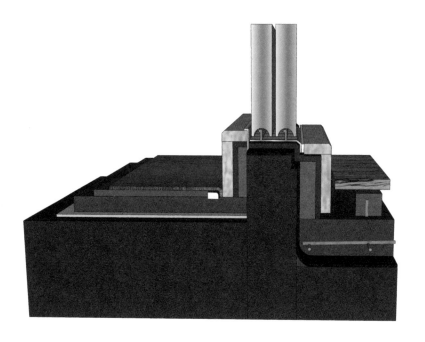

扫 / 码 / 观 / 看
"铝型材轨道门槛（高于地面）"三维节点动图

铝型材轨道门槛（高于地面）三维示意图

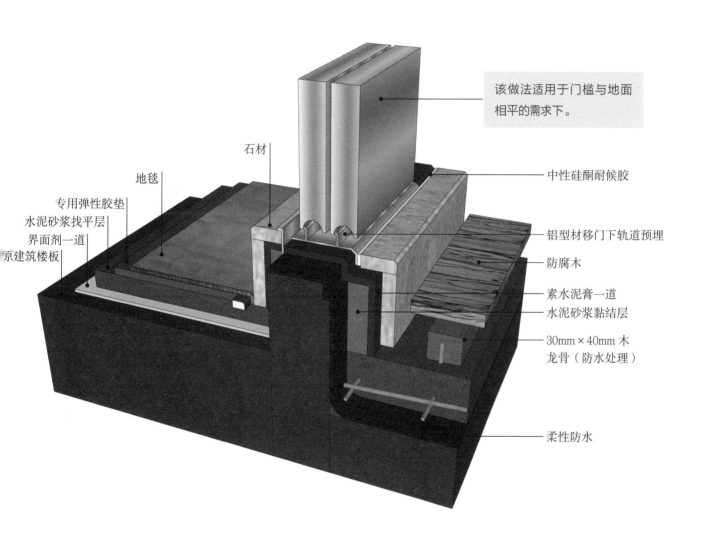

石材

地毯

专用弹性胶垫

水泥砂浆找平层

界面剂一道

原建筑楼板

该做法适用于门槛与地面相平的需求下。

中性硅酮耐候胶

铝型材移门下轨道预埋

防腐木

素水泥膏一道

水泥砂浆黏结层

30mm×40mm 木龙骨（防水处理）

柔性防水

铝型材轨道门槛（高于地面）三维示意图解析

工艺解析

第一步：基层处理

第二步：做柔性防水

先将需要做防水的阳台空间用改性沥青卷材进行铺设。

第三步：做找平层

在防水的上层用水泥砂浆做找平层。

第四步：固定木龙骨

将 30mm×40mm 的木龙骨进行防水处理后，与找平层进行固定。

第五步：安装防腐木

第六步：涂刷界面剂

在另一侧的室内空间中涂刷界面剂。

第七步：做找平层

在界面剂上用 1:3 的水泥砂浆做 30mm 厚找平层。

第八步：做找平层

在门槛附近用水泥砂浆做找平，让横向的石材不会过短。

第九步：素水泥膏一道

第十步：预埋轨道

第十一步：安装石材

在素水泥膏上铺贴石材，用中性硅酮耐候胶将石材与铝型材轨道相固定。

第十二步：安装胶垫

第十三步：安装倒刺条

第十四步：铺设地毯

铝型材轨道门槛（高于地面）实景效果图

高于地面的铝型材门槛，同时也起到了挡水的作用，避免淋浴间内水溢出去，以减少清洁方面的工作量。

▶▶ 铝型材轨道门槛（与地面齐平）

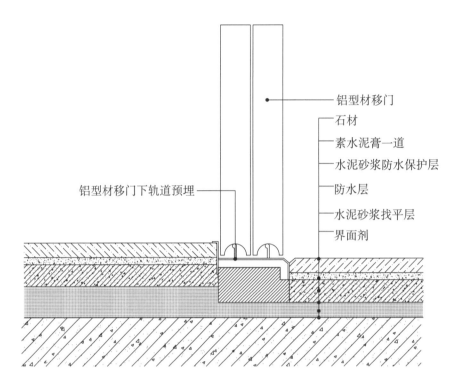

铝型材移门

石材

素水泥膏一道

水泥砂浆防水保护层

防水层

水泥砂浆找平层

界面剂

铝型材移门下轨道预埋

铝型材轨道门槛（与地面齐平）节点图

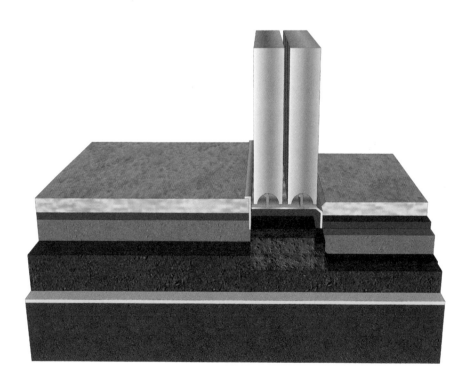

扫 / 码 / 观 / 看
"铝型材轨道门槛（与地
面平齐）"三维节点动图

铝型材轨道门槛（与地面齐平）三维示意图

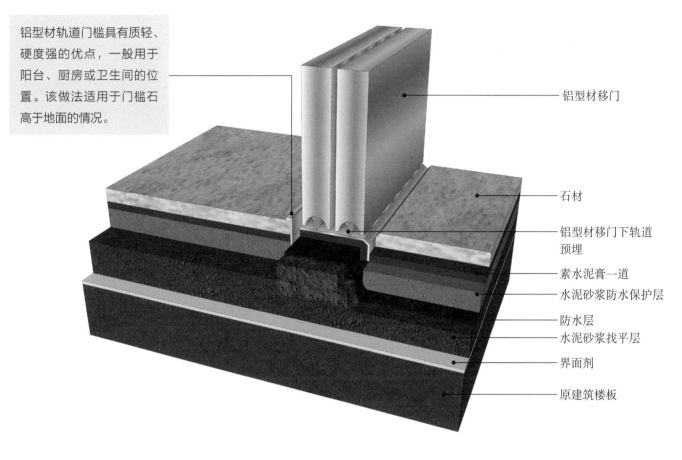

铝型材轨道门槛具有质轻、硬度强的优点，一般用于阳台、厨房或卫生间的位置。该做法适用于门槛石高于地面的情况。

铝型材移门

石材

铝型材移门下轨道预埋

素水泥膏一道

水泥砂浆防水保护层

防水层

水泥砂浆找平层

界面剂

原建筑楼板

铝型材轨道门槛（与地面齐平）三维示意图解析

工艺解析

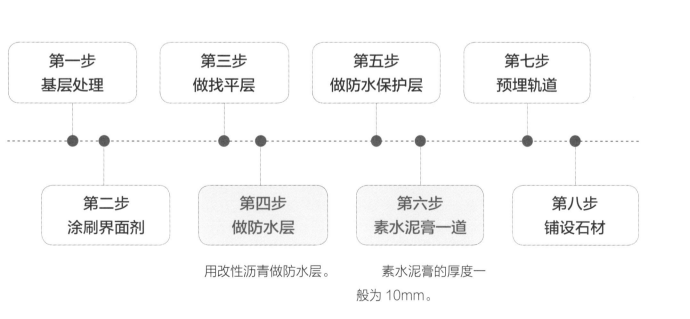

第一步
基层处理

第二步
涂刷界面剂

第三步
做找平层

第四步
做防水层

用改性沥青做防水层。

第五步
做防水保护层

第六步
素水泥膏一道

素水泥膏的厚度一般为 10mm。

第七步
预埋轨道

第八步
铺设石材

铝型材轨道门槛（与地面齐平）实景效果图

铝型材轨道门槛辅助推拉门的进
行；相平的做法，将门槛隐藏得
较好，人不容易被绊倒。

7

地面石材与其他材料相接处节点

石材是室内空间中最常见的几种地面材料之一，为避免地面装饰单调，也为了适应不同空间的功能需求，需要和其他不同的地面材料进行相接，不同性质的材料，其相接处的处理方式也不同，但基本的原理大致相同，通常是采用平接、收边条的方式进行相接。本章主要针对石材与水磨石、环氧磨石、地砖、木地板、网络地板、地毯及门槛石的相接处进行详细地讲解。

7.1
石材与水磨石相接

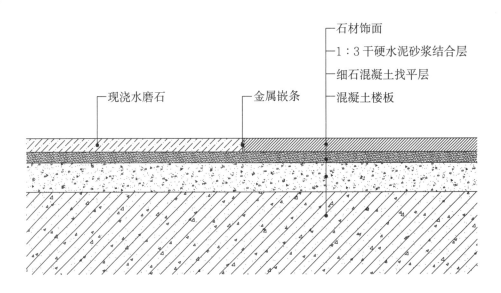

石材饰面
1:3干硬水泥砂浆结合层
细石混凝土找平层
混凝土楼板

现浇水磨石   金属嵌条

石材与水磨石相接节点图

扫 / 码 / 观 / 看
"石材与水磨石相接"三
维节点动图

石材与水磨石相接三维示意图

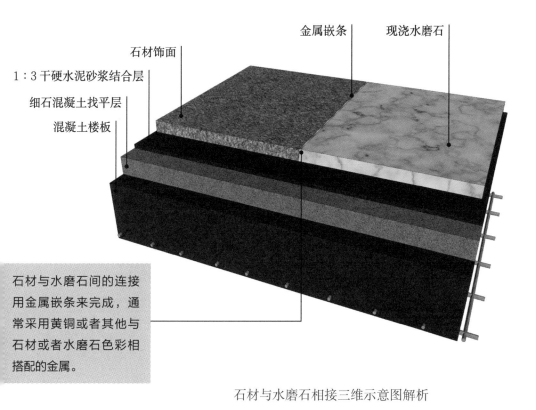

金属嵌条

现浇水磨石

石材饰面

1：3 干硬水泥砂浆结合层

细石混凝土找平层

混凝土楼板

石材与水磨石间的连接用金属嵌条来完成，通常采用黄铜或者其他与石材或者水磨石色彩相搭配的金属。

石材与水磨石相接三维示意图解析

工艺解析

应先拉水平线中心线，并按预排编号铺好铺贴区域，然后再进行拉线铺贴。

铺贴的顺序应从里向外逐步挂线进行铺贴，缝隙宽度可根据设计要求来设定，但若没有要求，则石材缝隙应不大于 1mm，水磨石缝隙应不大于 2mm。

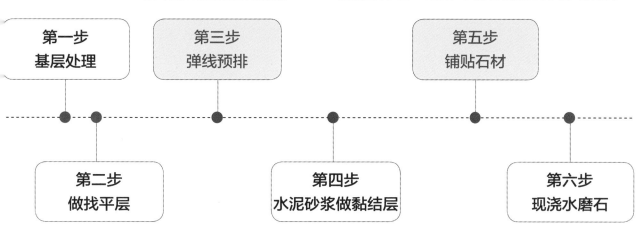

第一步
基层处理

第二步
做找平层

第三步
弹线预排

第四步
水泥砂浆做黏结层

第五步
铺贴石材

第六步
现浇水磨石

石材与水磨石相接实景效果图

对于图书馆这类人流量较大的场所来说，水磨石施工简单，耐磨性也强，同时还具有一定的装饰性，十分适合。再在局部区域使用石材，让空间更具变化，不会过于单调。

7.2
石材与环氧磨石相接

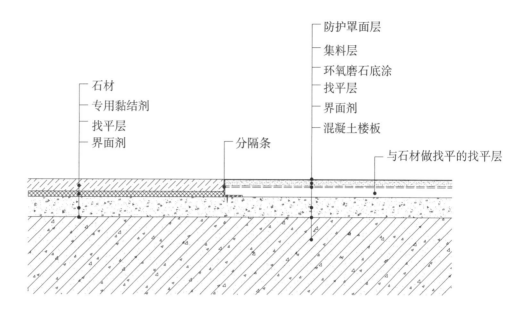

防护罩面层
集料层
环氧磨石底涂
找平层
界面剂
混凝土楼板

石材
专用黏结剂
找平层
界面剂

分隔条

与石材做找平的找平层

石材与环氧磨石相接节点图

石材与环氧磨石相接三维示意图

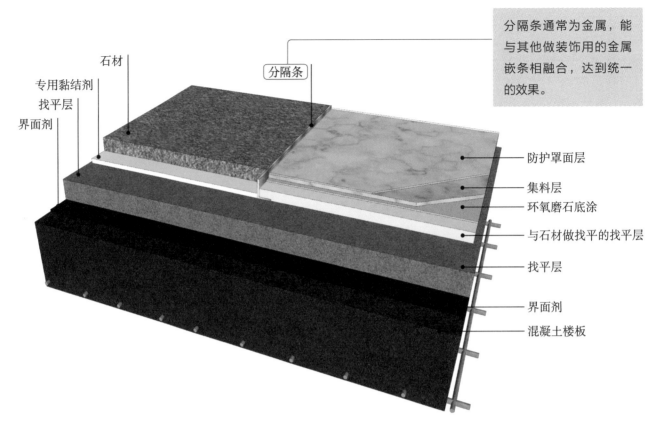

分隔条通常为金属，能与其他做装饰用的金属嵌条相融合，达到统一的效果。

石材

专用黏结剂

找平层

界面剂

分隔条

防护罩面层

集料层

环氧磨石底涂

与石材做找平的找平层

找平层

界面剂

混凝土楼板

石材与环氧磨石相接三维示意图解析

工艺解析

铺贴石材时应注意做好石材的六面
防护，防止出现水斑、泛碱等质量问题。

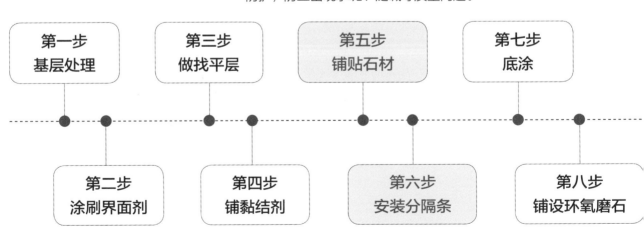

| 第一步 基层处理 | 第三步 做找平层 | 第五步 铺贴石材 | 第七步 底涂 |

| 第二步 涂刷界面剂 | 第四步 铺黏结剂 | 第六步 安装分隔条 | 第八步 铺设环氧磨石 |

除了安装分隔条外，还可以
通过密封胶嵌缝来实现相接。

石材与环氧磨石相接实景效果图

石材与环氧磨石相接处的金属条很细，不会影响到整体的装饰效果，而且大面积的环氧磨石与石材的相接更加适用于办公空间中走廊或大厅与办公区域的交界处。

7.3
石材与地砖相接

▶▶ 石材与地砖相接

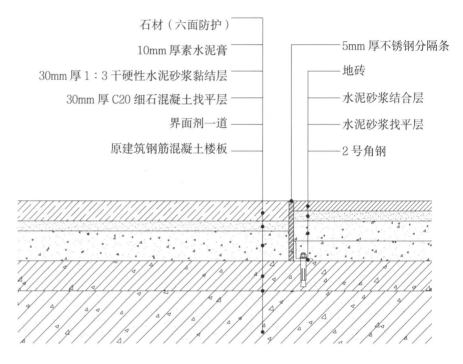

石材（六面防护）

10mm 厚素水泥膏

30mm 厚 1:3 干硬性水泥砂浆黏结层

30mm 厚 C20 细石混凝土找平层

界面剂一道

原建筑钢筋混凝土楼板

5mm 厚不锈钢分隔条

地砖

水泥砂浆结合层

水泥砂浆找平层

2 号角钢

石材与地砖相接节点图

扫 / 码 / 观 / 看
"石材与地砖相接"三维
节点动图

石材与地砖相接三维示意图

石材与地砖根据不同的纹样，有着
不同的装饰效果，两者相接可以产
生多种装饰效果。

石材（六面防护）

10mm 厚素水泥膏

30mm 厚 1：3 干硬性
水泥砂浆黏结层

m 厚 C20 细石混凝土找平层

界面剂一道

原建筑钢筋混凝土楼板

地砖

水泥砂浆结合层

水泥砂浆找平层

2 号角钢

5mm 厚不锈钢分隔条

石材与地砖相接三维示意图解析

/ 砖材的施工要点 /

瓷砖的切边是影响效果的一个关键因素，只有切割平整，粘贴时才能够完全黏合，不会造成墙面不平整的状况。另外，每块砖之间宜留下至少 1mm 的缝隙，为砖体的热胀冷缩留出一定的余地，这样即使发生地震，也不容易使砖体碎裂。

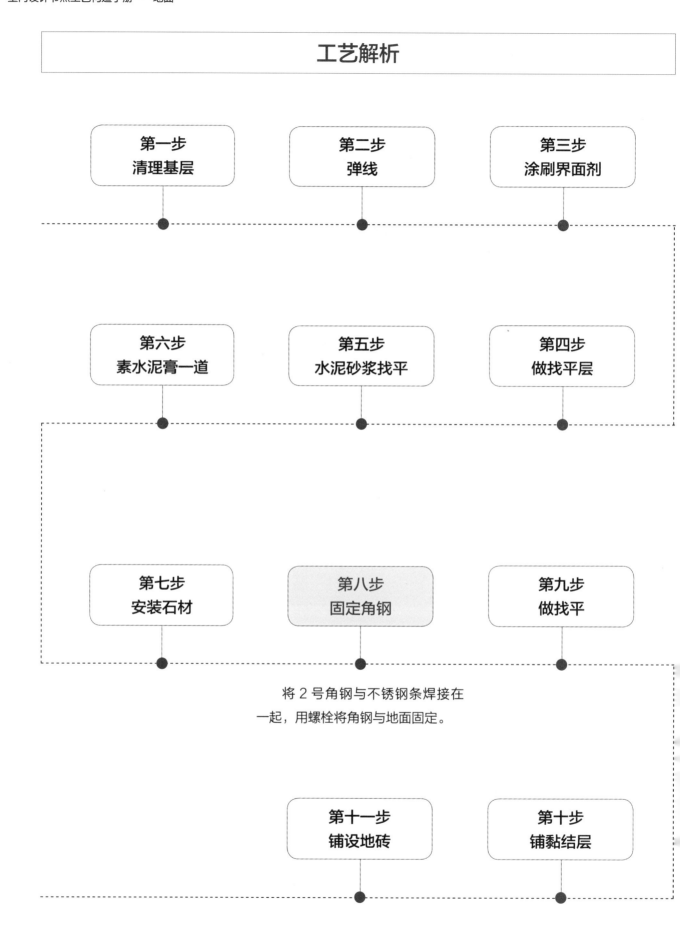

工艺解析

第一步
清理基层

第二步
弹线

第三步
涂刷界面剂

第六步
素水泥膏一道

第五步
水泥砂浆找平

第四步
做找平层

第七步
安装石材

第八步
固定角钢

第九步
做找平

将 2 号角钢与不锈钢条焊接在一起，用螺栓将角钢与地面固定。

第十一步
铺设地砖

第十步
铺黏结层

石材与地砖相接实景效果图

石材与地砖相接一般用于做地面拼花，拼花的形式通常被使用于客厅、走廊这类较为开放的家居空间中，商业空间中则更是会经常使用这种形式。

▶▶ **石材（电梯口处）与地砖相接**

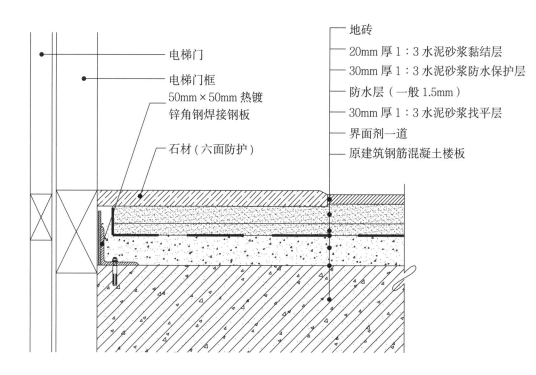

电梯门
电梯门框
50mm×50mm 热镀
锌角钢焊接钢板
石材（六面防护）

地砖
20mm 厚 1：3 水泥砂浆黏结层
30mm 厚 1：3 水泥砂浆防水保护层
防水层（一般 1.5mm）
30mm 厚 1：3 水泥砂浆找平层
界面剂一道
原建筑钢筋混凝土楼板

石材（电梯口处）与地砖相接节点图

石材（电梯口处）与地砖相接三维示意图

扫 / 码 / 观 / 看
"石材（电梯口处）与地
砖相接"三维节点动图

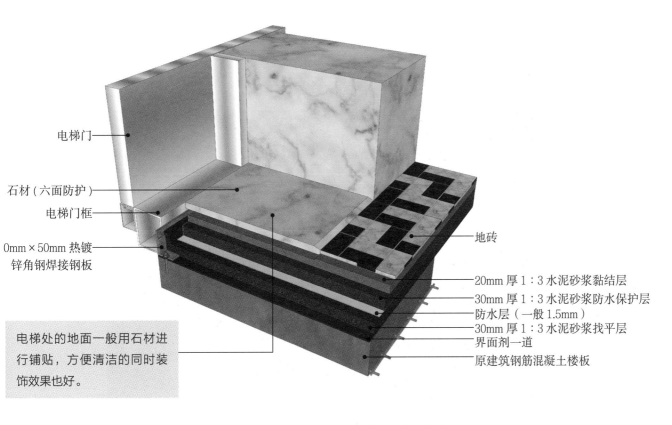

电梯门

石材（六面防护）

电梯门框

0mm×50mm 热镀
锌角钢焊接钢板

地砖

20mm 厚 1:3 水泥砂浆黏结层
30mm 厚 1:3 水泥砂浆防水保护层
防水层（一般 1.5mm）
30mm 厚 1:3 水泥砂浆找平层
界面剂一道
原建筑钢筋混凝土楼板

电梯处的地面一般用石材进行铺贴，方便清洁的同时装饰效果也好。

石材（电梯口处）与地砖相接三维示意图解析

工艺解析

地砖厚度一般为 8mm~12mm，在铺设完毕后用干泥擦缝，或者用专用勾缝剂进行勾缝，装饰效果更好。

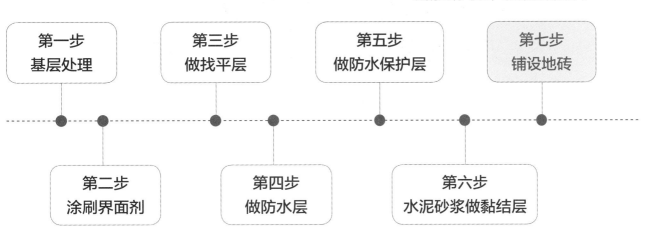

第一步
基层处理

第三步
做找平层

第五步
做防水保护层

第七步
铺设地砖

第二步
涂刷界面剂

第四步
做防水层

第六步
水泥砂浆做黏结层

石材（电梯口处）与地砖相接实景效果图

石材的电梯口和玻化砖相接，黑白的明
显对比，让电梯的位置更加明确，带有
一定的指向性。

7.4
石材与木地板相接

▶▶ **石材与木地板相接（平接）**

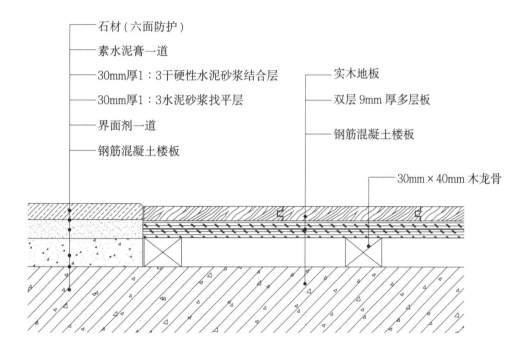

石材（六面防护）
素水泥膏一道
30mm厚1:3干硬性水泥砂浆结合层
30mm厚1:3水泥砂浆找平层
界面剂一道
钢筋混凝土楼板

实木地板
双层9mm厚多层板
钢筋混凝土楼板

30mm×40mm木龙骨

石材与木地板相接（平接）节点图

扫/码/观/看
"石材与木地板相接（平接）"三维节点动图

石材与木地板相接（平接）三维示意图

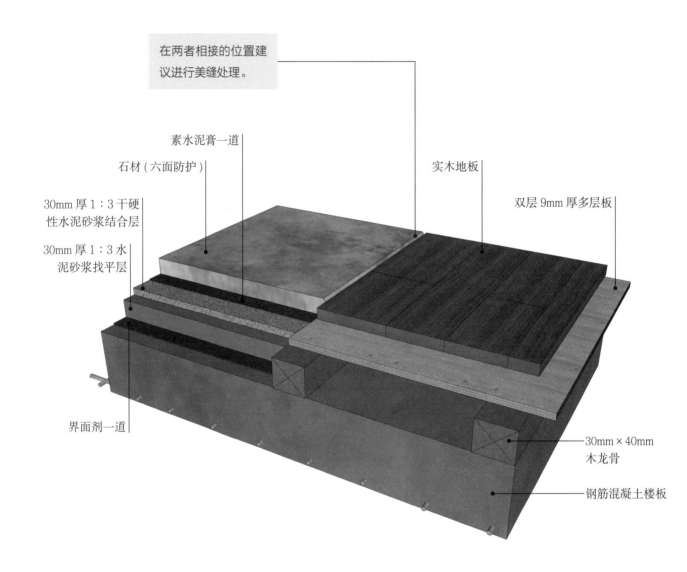

在两者相接的位置建
议进行美缝处理。

素水泥膏一道

石材（六面防护）

实木地板

双层 9mm 厚多层板

30mm 厚 1：3 干硬
性水泥砂浆结合层

30mm 厚 1：3 水
泥砂浆找平层

界面剂一道

30mm×40mm
木龙骨

钢筋混凝土楼板

石材与木地板相接（平接）三维示意图解析

工艺解析

第一步：基层处理

在清理基层的时候要注意，实木地板对基层要求坚硬、平整、洁净、不起砂，且含水率不高于 8%。

第二步：弹线

根据设计图纸将石材和木地板的分割处用墨线来明确。

第三步：安装木龙骨

木龙骨在安装之前先对其进行防火、防腐处理，根据弹线的位置，在紧贴石材的部位安装一个木龙骨。

第四步：安装多层板

对多层板进行防火涂料三度的防火处理，在安装时，先从贴近石材的一端进行固定。

第五步：安装木地板

第六步：做找平层

在用水泥砂浆做找平的时候要提前预控好石材与木地板的完成面尺寸，用调整找平厚度的方式来控制石材完成面的尺寸。

第七步：水泥砂浆做黏结层

第八步：铺贴石材

石材在与木饰面的收口处可以将其侧边倒 3mm 的斜边，让侧边见光，形成极小的滑坡。

石材与木地板相接（平接）实景效果图

不仅石材，砖材也可以采用同样的方式相接。花砖与地板组合，不仅美观还具有划分区域的作用，将玄关位置单独隔离出来，防止在换鞋时将外面的灰尘带进室内，有效减少清洁的次数。

▶▶ **石材与木地板相接（U 型收边条）**

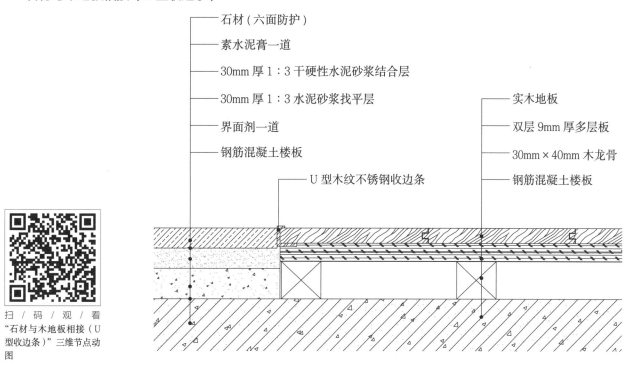

石材（六面防护）

素水泥膏一道

30mm 厚 1：3 干硬性水泥砂浆结合层

30mm 厚 1：3 水泥砂浆找平层

界面剂一道

钢筋混凝土楼板

U 型木纹不锈钢收边条

实木地板

双层 9mm 厚多层板

30mm×40mm 木龙骨

钢筋混凝土楼板

石材与木地板相接（U 型收边条）节点图

石材与木地板之间通过收边条相连接，收边条能更加明确两种材质之间的分割，空间的分割感也更强。

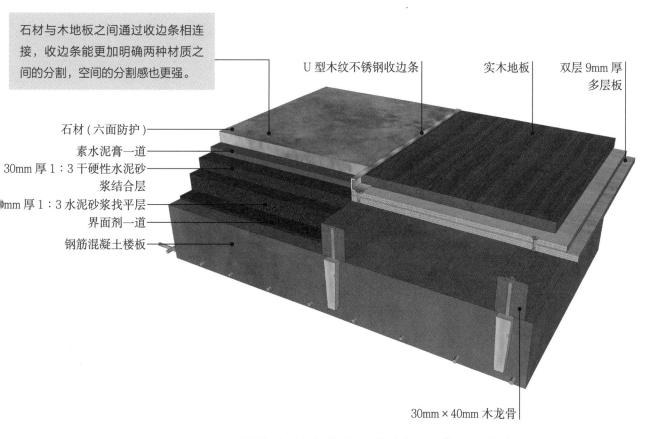

U 型木纹不锈钢收边条　　实木地板　　双层 9mm 厚多层板

石材（六面防护）

素水泥膏一道

30mm 厚 1：3 干硬性水泥砂浆结合层

mm 厚 1：3 水泥砂浆找平层

界面剂一道

钢筋混凝土楼板

30mm×40mm 木龙骨

石材与木地板相接（U 型收边条）三维示意图解析

工艺解析

第一步
清理基层

第二步
固定木龙骨

第三步
安装多层板

第六步
涂刷界面剂

第五步
铺设木地板

第四步
固定不锈钢收边条

木地板应图案清晰、颜色一致，板面无翘曲。面层的接头位置应错开，缝隙严密、表面洁净。

不锈钢收边条要根据预留的高度固定在多层板上，保证其安装后的高度应能与木地板相契合。

第七步
做找平层

第八步
水泥砂浆做黏结层

第九步
素水泥膏一道

第十步
铺贴石材

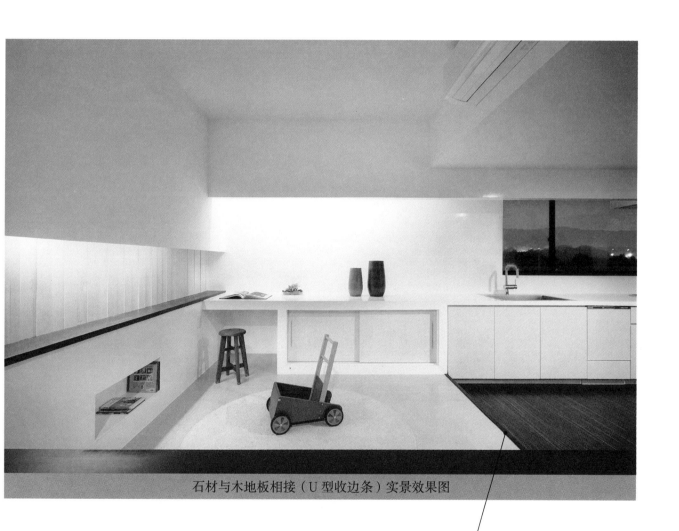

石材与木地板相接（U 型收边条）实景效果图

石材与木地板都是十分常见的材料，两者相接的
形式适用于大部分空间中，但是卫浴间、厨房等
对防潮要求较高的位置很少使用。

▶▶ **石材与木地板相接（搭接式）**

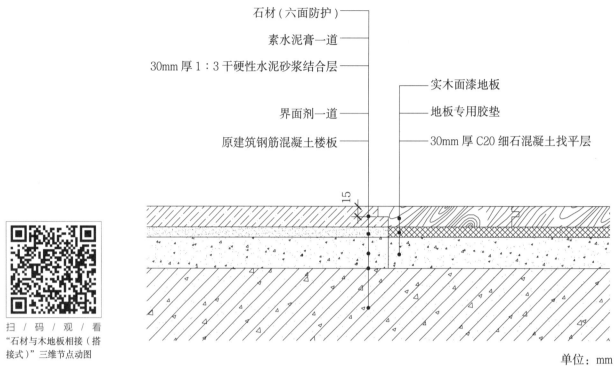

石材（六面防护）

素水泥膏一道

30mm 厚 1：3 干硬性水泥砂浆结合层

界面剂一道

原建筑钢筋混凝土楼板

实木面漆地板

地板专用胶垫

30mm 厚 C20 细石混凝土找平层

15

单位：mm

石材与木地板相接（搭接式）节点图

扫 / 码 / 观 / 看
"石材与木地板相接（搭接式）"三维节点动图

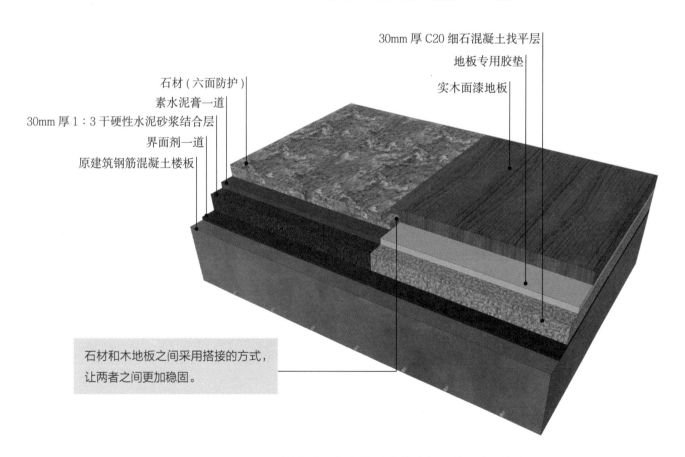

30mm 厚 C20 细石混凝土找平层

地板专用胶垫

实木面漆地板

石材（六面防护）

素水泥膏一道

30mm 厚 1：3 干硬性水泥砂浆结合层

界面剂一道

原建筑钢筋混凝土楼板

石材和木地板之间采用搭接的方式，
让两者之间更加稳固。

石材与木地板相接（搭接式）三维示意图解析

工艺解析

第一步：基层处理

第二步：涂刷界面剂

第三步：做找平层

在做找平层时注意，木地板部位要用细石混凝土做 30mm 左右的找平层。

第四步：做黏结层

而石材部位则是用 1：3 的干硬性水泥砂浆做 30mm 厚的黏结层，保证石材和木地板表面相平。

第五步：素水泥膏一道

第六步：铺贴石材

在石材和木地板相接的位置，将石材的侧边倒 5mm×10mm 的凹槽。

第七步：铺设胶垫

第八步：铺贴木地板

在木地板临近石材的边缘处，反向倒 5mm×10mm 的凹槽，并在安装时，用胶水将其与石材的对应位置进行固定。木地板在安装时应错缝安装，且在临墙处预留 5mm 宽的伸缩缝。

石材与木地板相接（搭接式）实景效果图

采用搭接的方式，让衔接处更加自然，
更加适用于大面积的开敞空间中。

▶▶ 石材与木地板相接（L 型收边条）

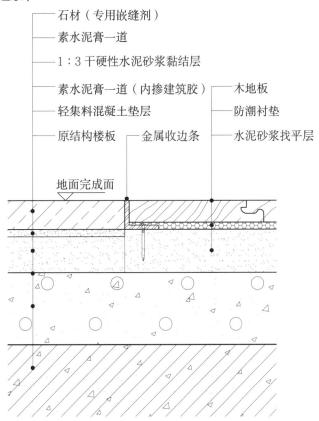

石材（专用嵌缝剂）
素水泥膏一道
1：3 干硬性水泥砂浆黏结层
素水泥膏一道（内掺建筑胶）
轻集料混凝土垫层
原结构楼板
金属收边条
木地板
防潮衬垫
水泥砂浆找平层
地面完成面

扫 / 码 / 观 / 看
"石材与木地板相接（L 型收边条）"三维节点动图

石材与木地板相接（L 型收边条）节点图

采用 L 型收边条，能够让衔接处的收边比 U 型收边条更加隐形，能够和地面上的不锈钢装饰线条融合在一起。

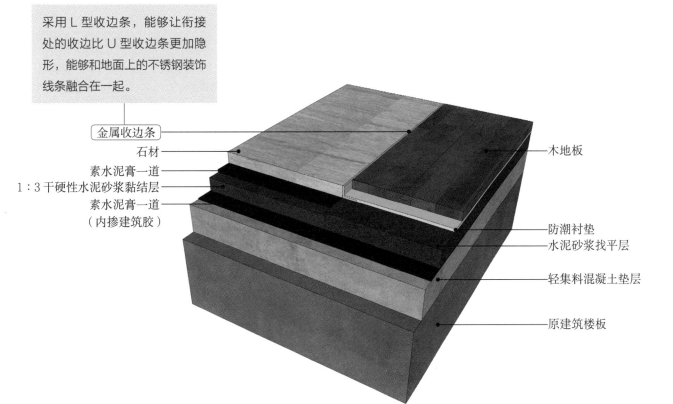

金属收边条
石材
素水泥膏一道
1：3 干硬性水泥砂浆黏结层
素水泥膏一道（内掺建筑胶）
木地板
防潮衬垫
水泥砂浆找平层
轻集料混凝土垫层
原建筑楼板

石材与木地板相接（L 型收边条）三维示意图解析

工艺解析

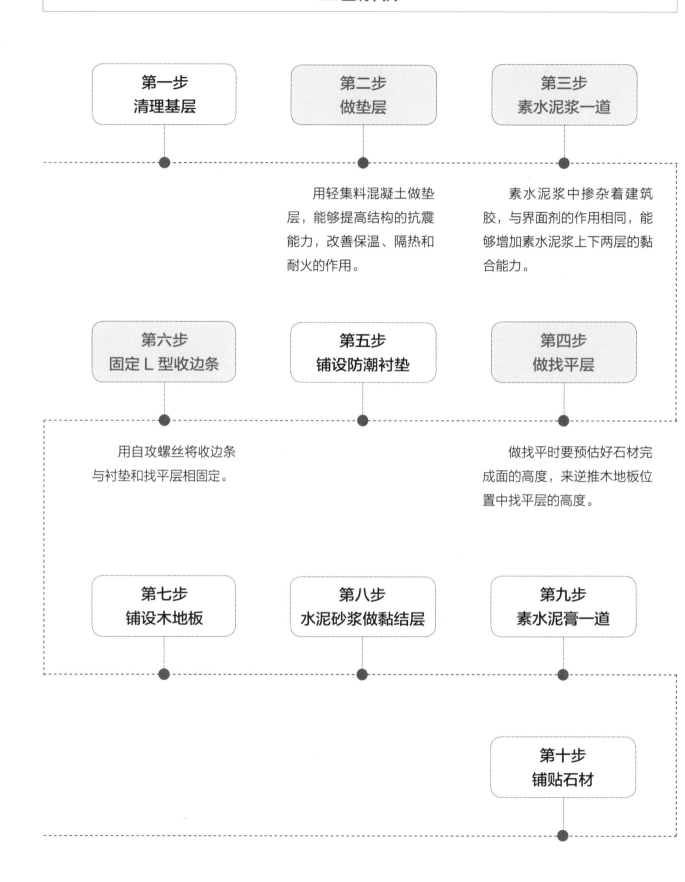

第一步
清理基层

第二步
做垫层

第三步
素水泥浆一道

用轻集料混凝土做垫层，能够提高结构的抗震能力，改善保温、隔热和耐火的作用。

素水泥浆中掺杂着建筑胶，与界面剂的作用相同，能够增加素水泥浆上下两层的黏合能力。

第六步
固定 L 型收边条

第五步
铺设防潮衬垫

第四步
做找平层

用自攻螺丝将收边条与衬垫和找平层相固定。

做找平时要预估好石材完成面的高度，来逆推木地板位置中找平层的高度。

第七步
铺设木地板

第八步
水泥砂浆做黏结层

第九步
素水泥膏一道

第十步
铺贴石材

厨房中不适合采用木地板，因此使用了石材，白色石材与白色橱柜呼应，且与浅木色地板相搭配，整个空间显得既温暖又干净。

石材与木地板相接（L型收边条）实景效果图

7.5
石材与架空网络地板相接

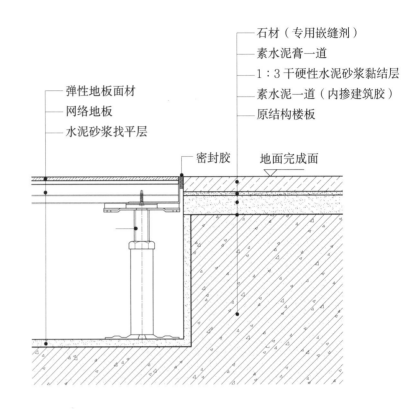

弹性地板面材
网络地板
水泥砂浆找平层

石材（专用嵌缝剂）
素水泥膏一道
1：3干硬性水泥砂浆黏结层
素水泥一道（内掺建筑胶）
原结构楼板

密封胶

地面完成面

石材与架空网络地板相接节点图

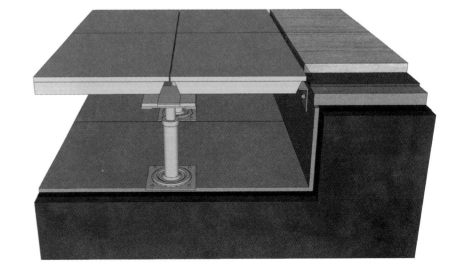

石材与架空网络地板相接三维示意图

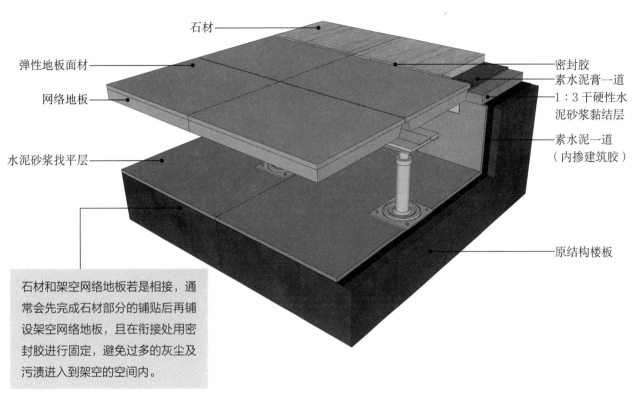

石材

弹性地板面材

网络地板

水泥砂浆找平层

密封胶

素水泥膏一道

1：3干硬性水泥砂浆黏结层

素水泥一道（内掺建筑胶）

原结构楼板

石材和架空网络地板若是相接，通常会先完成石材部分的铺贴后再铺设架空网络地板，且在衔接处用密封胶进行固定，避免过多的灰尘及污渍进入到架空的空间内。

石材与架空网络地板相接三维示意图解析

工艺解析

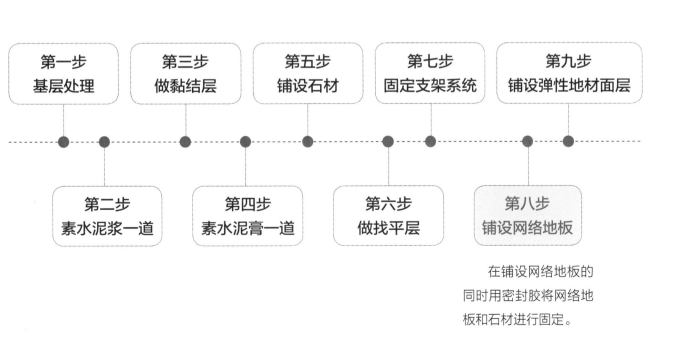

第一步
基层处理

第三步
做黏结层

第五步
铺设石材

第七步
固定支架系统

第九步
铺设弹性地材面层

第二步
素水泥浆一道

第四步
素水泥膏一道

第六步
做找平层

第八步
铺设网络地板

在铺设网络地板的同时用密封胶将网络地板和石材进行固定。

网络地板一般用于办公空间或机房中，而石材与网络地板的处理方式通常被使用在办公区域和卫生间的交界处。

石材与架空网络地板相接实景效果图

7.6
石材与地毯相接

▶▶ **石材与（除尘）地毯相接**

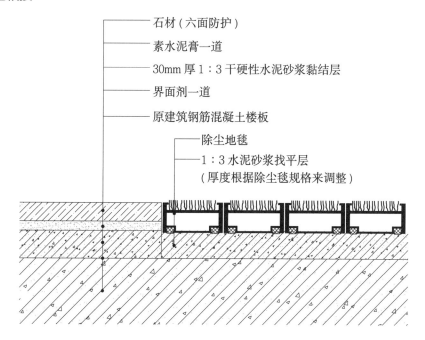

石材（六面防护）
素水泥膏一道
30mm 厚 1：3 干硬性水泥砂浆黏结层
界面剂一道
原建筑钢筋混凝土楼板
除尘地毯
1：3 水泥砂浆找平层
（厚度根据除尘毯规格来调整）

石材与（除尘）地毯相接节点图

扫 / 码 / 观 / 看
"石材与（除尘）地毯相
接"三维节点动图

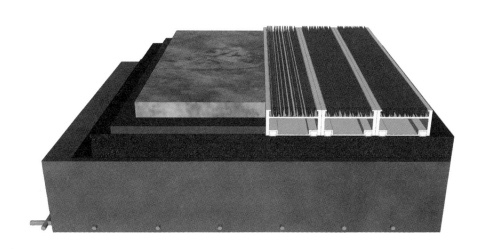

石材与（除尘）地毯相接三维示意图

除尘地毯在清洁方面优势较大，具有除污和不易被污染的能力，而且不易变形、耐磨性强，但是其外形的样式没有普通地毯多，因此经常被用在公共空间中。

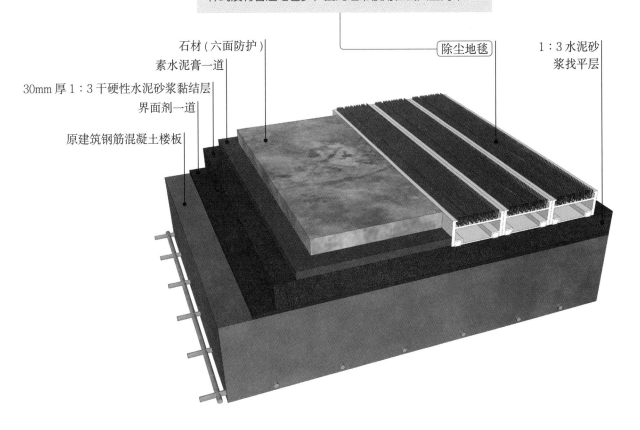

石材（六面防护）

素水泥膏一道

30mm 厚 1：3 干硬性水泥砂浆黏结层

界面剂一道

原建筑钢筋混凝土楼板

除尘地毯

1：3 水泥砂浆找平层

石材与（除尘）地毯相接三维示意图解析

工艺解析

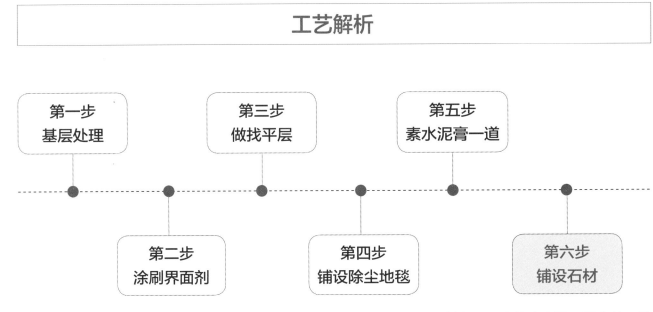

第一步
基层处理

第二步
涂刷界面剂

第三步
做找平层

第四步
铺设除尘地毯

第五步
素水泥膏一道

第六步
铺设石材

石材与下层应结合牢固、无空鼓，且石材周边应顺直，和除尘地毯无缝相接。

石材与（除尘）地毯相接实景效果图

除尘地毯更常见于办公空间、商场等
人流量较大的空间，能够在一定程度
上帮助空间减少污染，维持洁净。

▶▶ **石材与地毯相接（L 型收边条 1）**

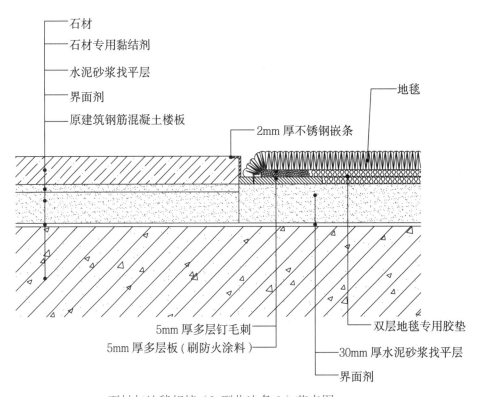

石材
石材专用黏结剂
水泥砂浆找平层
界面剂
原建筑钢筋混凝土楼板
地毯
2mm 厚不锈钢嵌条
5mm 厚多层钉毛刺
5mm 厚多层板（刷防火涂料）
双层地毯专用胶垫
30mm 厚水泥砂浆找平层
界面剂

石材与地毯相接（L 型收边条 1）节点图

扫 / 码 / 观 / 看
"石材与地毯相接（L 型
收边条 1）"三维节点动
图

石材与地毯相接（L 型收边条 1）三维示意图

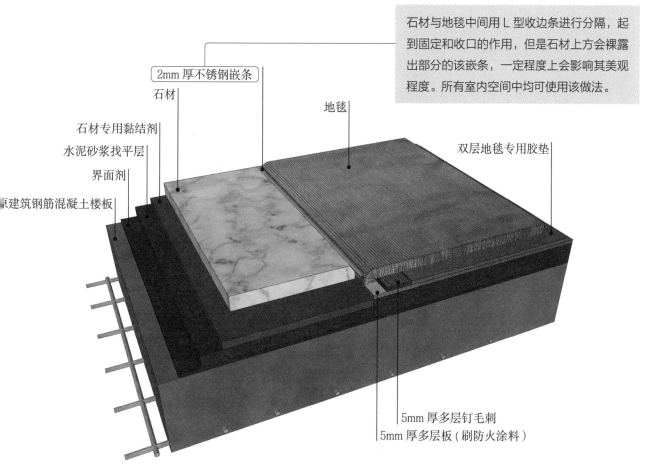

石材与地毯中间用 L 型收边条进行分隔，起到固定和收口的作用，但是石材上方会裸露出部分的该嵌条，一定程度上会影响其美观程度。所有室内空间中均可使用该做法。

2mm 厚不锈钢嵌条

石材

石材专用黏结剂

水泥砂浆找平层

界面剂

原建筑钢筋混凝土楼板

地毯

双层地毯专用胶垫

5mm 厚多层钉毛刺

5mm 厚多层板（刷防火涂料）

石材与地毯相接（L 型收边条 1）三维示意图解析

工艺解析

地毯部位的水泥砂浆找平要根据石材整体铺设的高度来逆推其找平的厚度，理论上其找平完成面应比石材底面高 2mm~3mm。

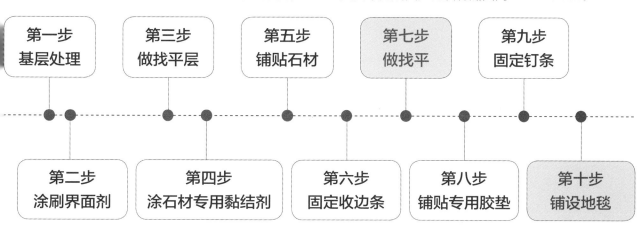

第一步 基层处理	第三步 做找平层	第五步 铺贴石材	第七步 做找平	第九步 固定钉条
第二步 涂刷界面剂	第四步 涂石材专用黏结剂	第六步 固定收边条	第八步 铺贴专用胶垫	第十步 铺设地毯

地毯铺设时，在边角处用专用工具将地毯固定在钉条上。

石材与地毯相接（L 型收边条 1）实景效果图

石材将地毯中间划出了单独的区域，使
其在开敞空间中给人相对私密的氛围。

▶▶ **石材与地毯相接（L 型收边条 2）**

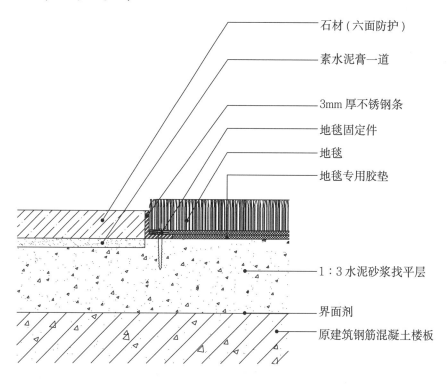

石材（六面防护）

素水泥膏一道

3mm 厚不锈钢条

地毯固定件

地毯

地毯专用胶垫

1：3 水泥砂浆找平层

界面剂

原建筑钢筋混凝土楼板

石材与地毯相接（L 型收边条 2）节点图

扫 / 码 / 观 / 看
"石材与地毯相接（L 型
收边条 2）"三维节点动
图

石材与地毯相接（L 型收边条 2）三维示意图

※ 石材与地毯的完成面相平时，其施工步骤与石材与地毯相接（L型收边条1）施工步骤大致相同，较大不同的位置在于其地毯未使用倒刺条，直接用胶垫将地毯与找平层固定，其他详细步骤请见本章 7.6 第 173 页石材与地毯相接（L型收边条1）中的工艺解析。

收边条裸露出的边缘较小，对空间的整体效果影响不大。地毯适用胶垫粘贴的方式，更适合块毯这类面积较小的地毯与石材相接的情况。

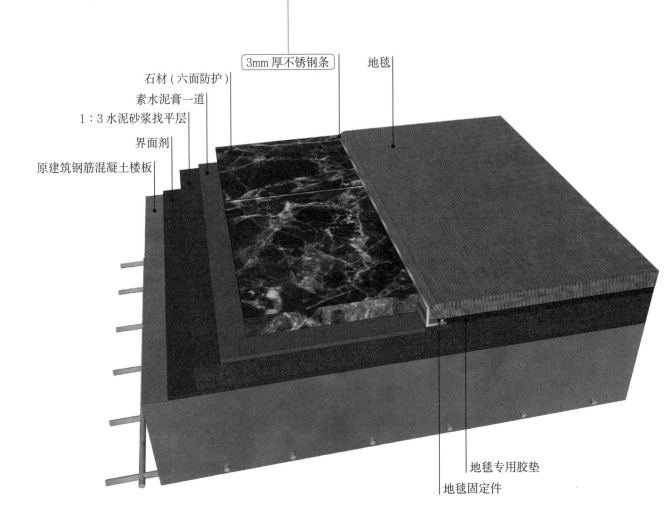

3mm 厚不锈钢条
地毯

石材（六面防护）
素水泥膏一道
1：3 水泥砂浆找平层
界面剂
原建筑钢筋混凝土楼板

地毯专用胶垫
地毯固定件

石材与地毯相接（L型收边条2）三维示意图解析

▶▶ **石材与地毯相接（L型收边条3）**

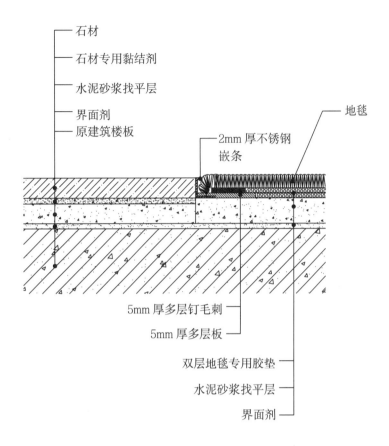

石材
石材专用黏结剂
水泥砂浆找平层
界面剂
原建筑楼板
2mm厚不锈钢嵌条
地毯
5mm厚多层钉毛刺
5mm厚多层板
双层地毯专用胶垫
水泥砂浆找平层
界面剂

石材与地毯相接（L型收边条3）节点图

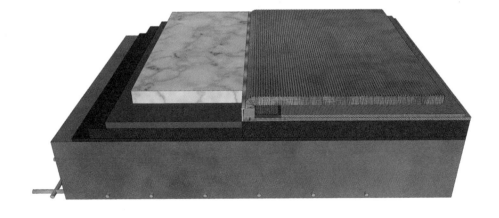

扫 / 码 / 观 / 看
"石材与地毯相接（L型收边条3）"三维节点动图

石材与地毯相接（L型收边条3）三维示意图

※ 石材与地毯的完成面相平时，其施工步骤与石材与地毯相接（L型收边条1）施工步骤大致相同，详细步骤请见本章7.6第173页石材与地毯相接（L型收边条1）中的工艺解析。

收边条的形式与（2）中的相同，裸露得较少，其地毯的安装方式则与（1）中相同，采用倒刺条的方式进行固定。适合整块地毯和石材相接的情况。

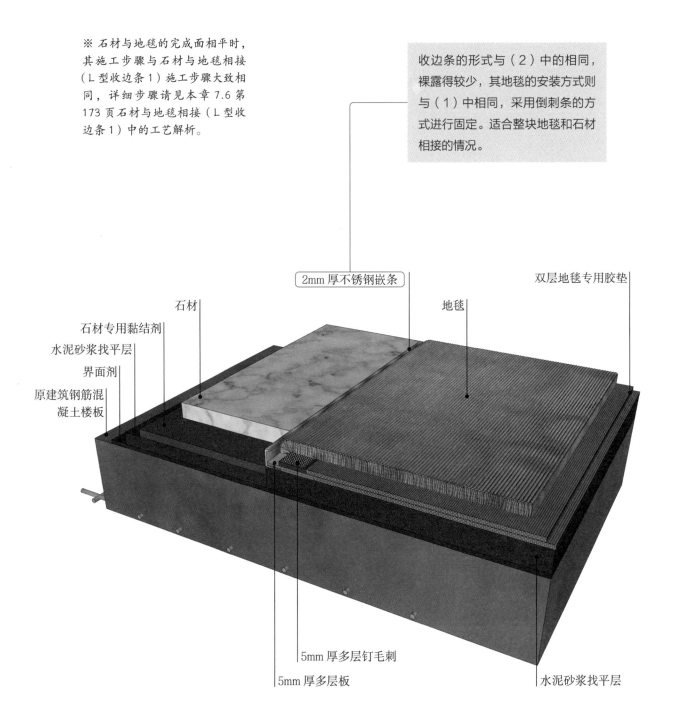

2mm厚不锈钢嵌条

石材

石材专用黏结剂

水泥砂浆找平层

界面剂

原建筑钢筋混凝土楼板

地毯

双层地毯专用胶垫

5mm厚多层钉毛刺

5mm厚多层板

水泥砂浆找平层

石材与地毯相接（L型收边条3）三维示意图解析

7.7
石材与铜嵌条相接

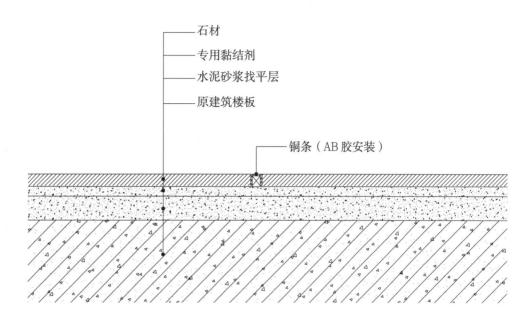

石材
专用黏结剂
水泥砂浆找平层
原建筑楼板

铜条（AB胶安装）

石材与铜嵌条相接节点图

扫 / 码 / 观 / 看
"石材与铜嵌条相接"三
维节点动图

石材与铜嵌条相接三维示意图

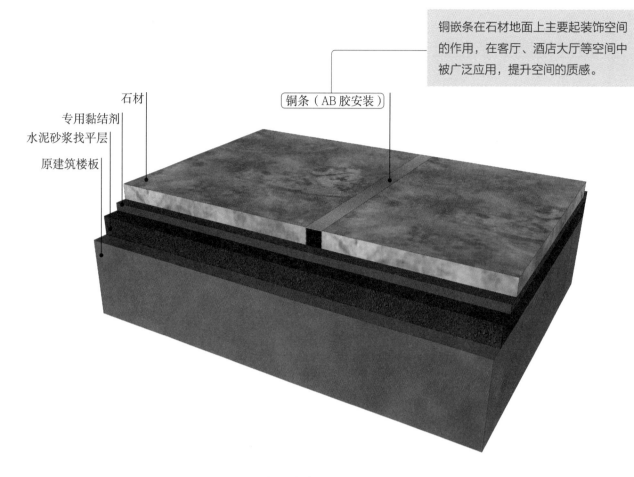

铜嵌条在石材地面上主要起装饰空间的作用，在客厅、酒店大厅等空间中被广泛应用，提升空间的质感。

铜条（AB 胶安装）

石材

专用黏结剂

水泥砂浆找平层

原建筑楼板

石材与铜嵌条相接三维示意图解析

工艺解析

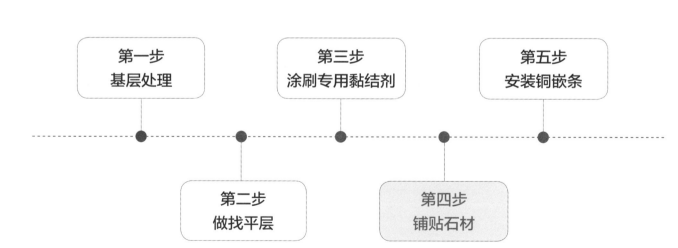

第一步
基层处理

第二步
做找平层

第三步
涂刷专用黏结剂

第四步
铺贴石材

第五步
安装铜嵌条

在对石材进行切割或背网铲除后，须对石材进行局部的防护处理后再进行铺贴，在铺贴的 15 天后再进行清缝、填缝的工作，让水泥砂浆中多余的水分充分地发挥。

石材与铜嵌条相接实景效果图

铜嵌条与玻璃上的金属压条相对应，起到了装饰作用，同时从空间的角度看，隐形地将客厅的走廊进行了分割。

7.8
石材—门槛石—石材相接

▶▶ 石材—门槛石—石材相接

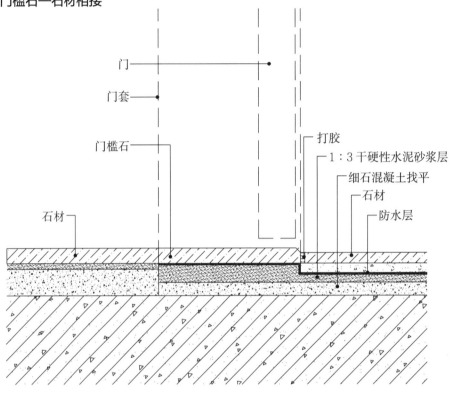

门
门套
门槛石
打胶
1:3 干硬性水泥砂浆层
细石混凝土找平
石材
防水层
石材

石材—门槛石—石材相接节点图

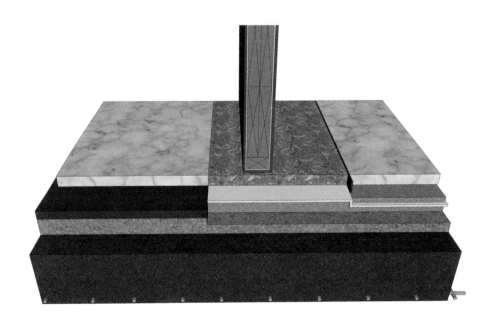

石材—门槛石—石材相接三维示意图

扫 / 码 / 观 / 看
"石材—门槛石—石材相接" 三维节点动图

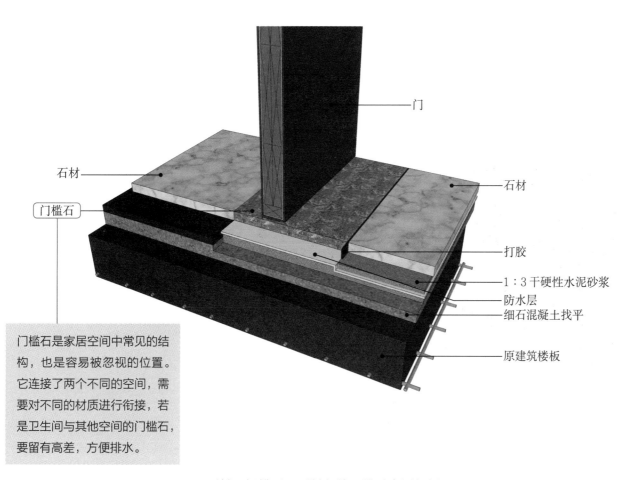

门

石材

门槛石

打胶

石材

1:3干硬性水泥砂浆

防水层

细石混凝土找平

原建筑楼板

门槛石是家居空间中常见的结构，也是容易被忽视的位置。它连接了两个不同的空间，需要对不同的材质进行衔接，若是卫生间与其他空间的门槛石，要留有高差，方便排水。

石材—门槛石—石材相接三维示意图解析

工艺解析

根据设计图纸确定门两侧地面的高差，以及石材图案的拼接方式后，再进行试铺，试铺时可对石材进行编号，正式铺贴时按照编号进行铺贴。

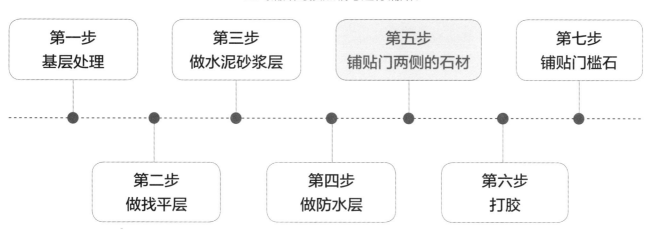

| 第一步
基层处理 | 第三步
做水泥砂浆层 | 第五步
铺贴门两侧的石材 | 第七步
铺贴门槛石 |

| 第二步
做找平层 | 第四步
做防水层 | 第六步
打胶 |

石材—门槛石—石材相接实景效果图

不同空间的石材其样式的选用也不相同，走廊中深色的石材与卫生间内浅色石材形成了鲜明的对比。

▶▶ 石材—门槛石—石材相接（带止水坎）相接

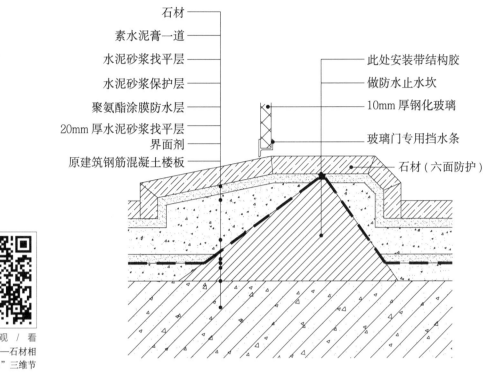

石材
素水泥膏一道
水泥砂浆找平层
水泥砂浆保护层
聚氨酯涂膜防水层
20mm 厚水泥砂浆找平层
界面剂
原建筑钢筋混凝土楼板

此处安装带结构胶
做防水止水坎
10mm 厚钢化玻璃
玻璃门专用挡水条
石材（六面防护）

石材—门槛石—石材相接（带止水坎）相接节点图

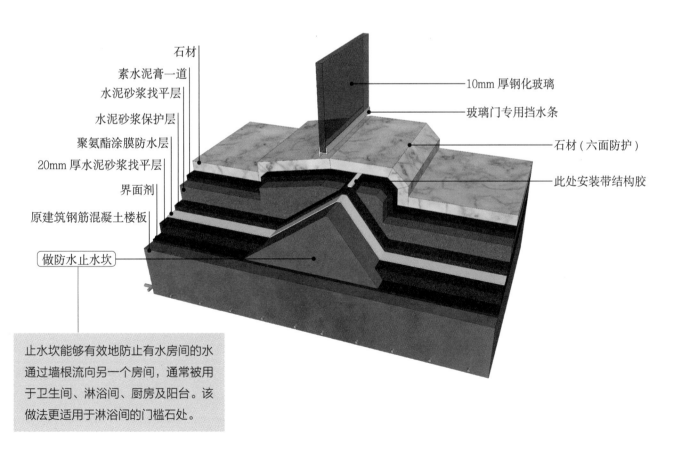

石材
素水泥膏一道
水泥砂浆找平层
水泥砂浆保护层
聚氨酯涂膜防水层
20mm 厚水泥砂浆找平层
界面剂
原建筑钢筋混凝土楼板
做防水止水坎

10mm 厚钢化玻璃
玻璃门专用挡水条
石材（六面防护）
此处安装带结构胶

止水坎能够有效地防止有水房间的水通过墙根流向另一个房间，通常被用于卫生间、淋浴间、厨房及阳台。该做法更适用于淋浴间的门槛石处。

石材—门槛石—石材相接（带止水坎）三维示意图解析

185

工艺解析

在铺贴石材时要注意坡度。

在临近门槛石的一侧，将木地板进行开企口的工作，如此好让木地板与收口条相贴合。

第一步 止水坎施工	第三步 防水层施工	第五步 做黏结层	第七步 铺贴石材	第九步 铺设木地板

第二步 基层处理	第四步 防水保护层施工	第六步 素水泥膏一道	第八步 固定收口条

这种一体式带止水坎的门槛石通常被使用在淋浴间中，让卫浴间的地面更加整体。

石材—门槛石—石材相接（带止水坎）实景效果图

8

地面地砖与其他材料相接处节点

地砖样式繁多，可供选择的余地很大，因此常被用于公共建筑和民用建筑中，能够利用自身的颜色、花纹等特征营造出风格迥异的室内环境，也因此地砖经常和不同的地面材料相接，其相接处的工艺也十分重要。本章主要针对地砖与木地板、PVC 地板、除尘地毯门槛石的相接处进行详细地讲解。

8.1
地砖与木地板相接

▶▶ **地砖与木地板相接（1）**

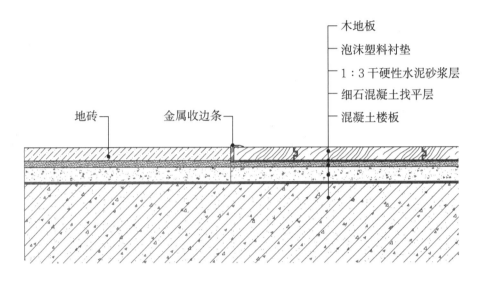

地砖 — 金属收边条 —

木地板
泡沫塑料衬垫
1：3干硬性水泥砂浆层
细石混凝土找平层
混凝土楼板

地砖与木地板相接（1）节点图

扫 / 码 / 观 / 看
"地 砖 与 木 地 板 相 接
（1）"三维节点动图

地砖与木地板相接（1）三维示意图

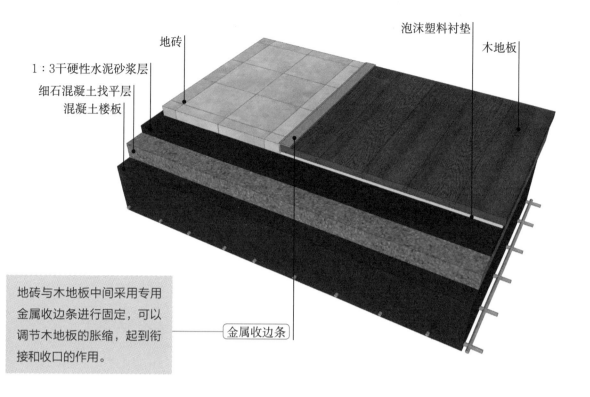

地砖与木地板相接（1）三维示意图解析

地砖与木地板中间采用专用金属收边条进行固定，可以调节木地板的胀缩，起到衔接和收口的作用。

工艺解析

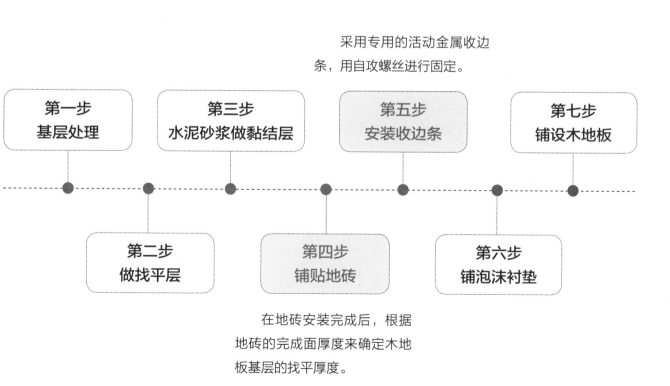

采用专用的活动金属收边条，用自攻螺丝进行固定。

| 第一步
基层处理 | 第三步
水泥砂浆做黏结层 | 第五步
安装收边条 | 第七步
铺设木地板 |

| 第二步
做找平层 | 第四步
铺贴地砖 | 第六步
铺泡沫衬垫 |

在地砖安装完成后，根据地砖的完成面厚度来确定木地板基层的找平厚度。

地砖和木地板相接的形式通常出现在家居空间的门厅位置，地砖作换鞋区，有效地将灰尘隔离在外面。

地砖与木地板相接（1）实景效果图

►► 地砖与木地板相接（2）

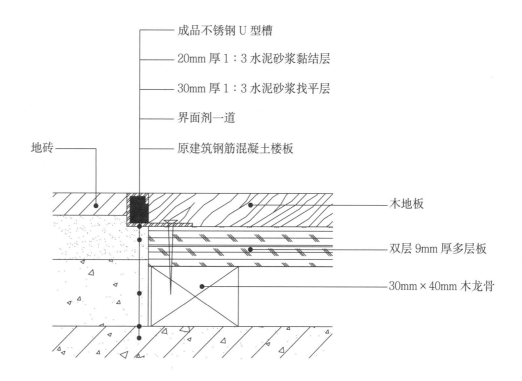

成品不锈钢 U 型槽

20mm 厚 1：3 水泥砂浆黏结层

30mm 厚 1：3 水泥砂浆找平层

界面剂一道

原建筑钢筋混凝土楼板

地砖

木地板

双层 9mm 厚多层板

30mm×40mm 木龙骨

地砖与木地板相接（2）节点图

扫 / 码 / 观 / 看
"地 砖 与 木 地 板 相 接
（2）"三维节点动图

地砖与木地板相接（2）三维示意图

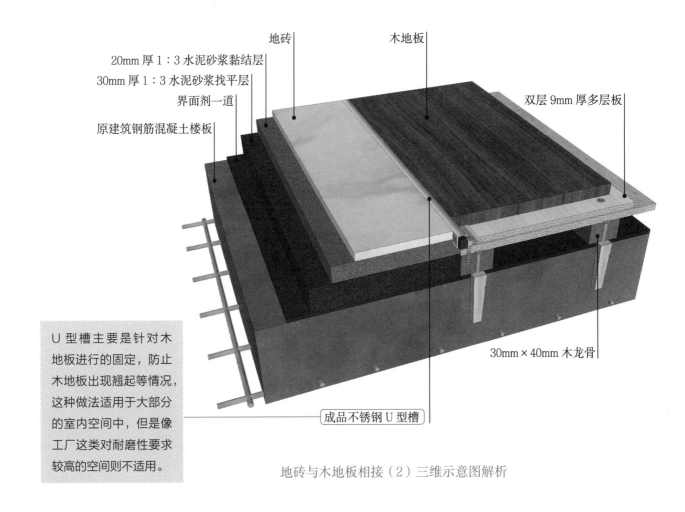

20mm 厚 1:3 水泥砂浆黏结层
30mm 厚 1:3 水泥砂浆找平层
界面剂一道
原建筑钢筋混凝土楼板

地砖

木地板

双层 9mm 厚多层板

30mm × 40mm 木龙骨

成品不锈钢 U 型槽

U 型槽主要是针对木地板进行的固定，防止木地板出现翘起等情况，这种做法适用于大部分的室内空间中，但是像工厂这类对耐磨性要求较高的空间则不适用。

地砖与木地板相接（2）三维示意图解析

工艺解析

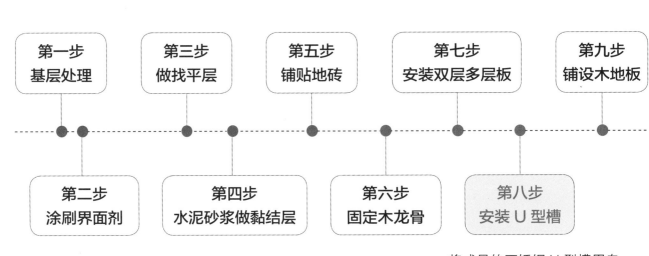

第一步
基层处理

第二步
涂刷界面剂

第三步
做找平层

第四步
水泥砂浆做黏结层

第五步
铺贴地砖

第六步
固定木龙骨

第七步
安装双层多层板

第八步
安装 U 型槽

第九步
铺设木地板

将成品的不锈钢 U 型槽用自攻螺丝固定在多层板上，并用云石胶带点固定，AB 胶进行安装。

地砖与木地板相接（2）实景效果图

地砖和木地板在大面积的开敞空间
中以无实物的方式分割了空间，能
够充分地利用所有空间。

▶▶ 地砖与木地板相接（3）

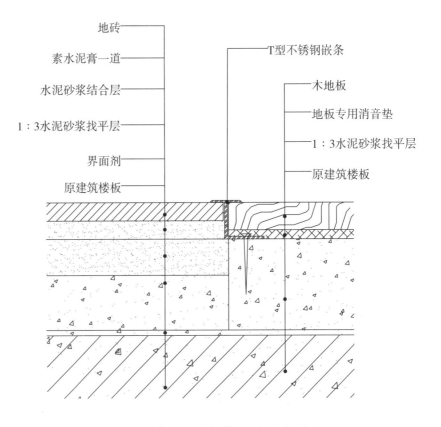

地砖
素水泥膏一道
水泥砂浆结合层
1：3水泥砂浆找平层
界面剂
原建筑楼板

T型不锈钢嵌条
木地板
地板专用消音垫
1：3水泥砂浆找平层
原建筑楼板

地砖与木地板相接（3）节点图

扫 / 码 / 观 / 看
"地砖与木地板相接
（3）"三维节点动图

地砖与木地板相接（3）三维示意图

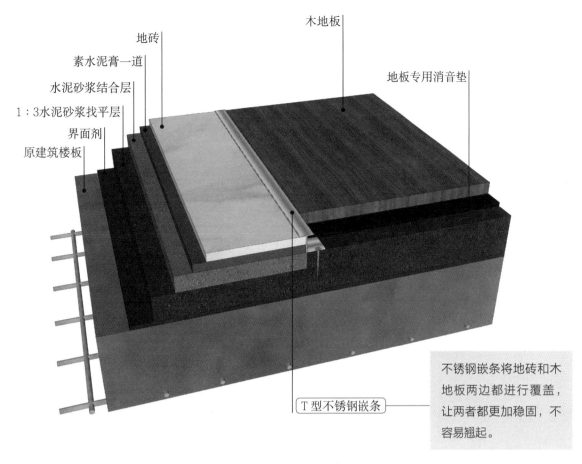

木地板
地板专用消音垫
地砖
素水泥膏一道
水泥砂浆结合层
1:3水泥砂浆找平层
界面剂
原建筑楼板

T型不锈钢嵌条

不锈钢嵌条将地砖和木地板两边都进行覆盖，让两者都更加稳固，不容易翘起。

地砖与木地板相接（3）三维示意图解析

工艺解析

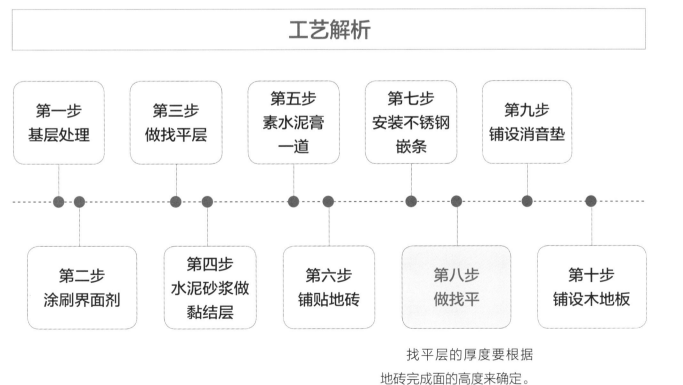

第一步 基层处理

第二步 涂刷界面剂

第三步 做找平层

第四步 水泥砂浆做黏结层

第五步 素水泥膏一道

第六步 铺贴地砖

第七步 安装不锈钢嵌条

第八步 做找平

第九步 铺设消音垫

第十步 铺设木地板

找平层的厚度要根据地砖完成面的高度来确定。

地砖和木地板从视觉上分割空间，明确区块的功能。

地砖与木地板相接（3）实景效果图

8.2
地砖与 PVC 地板相接

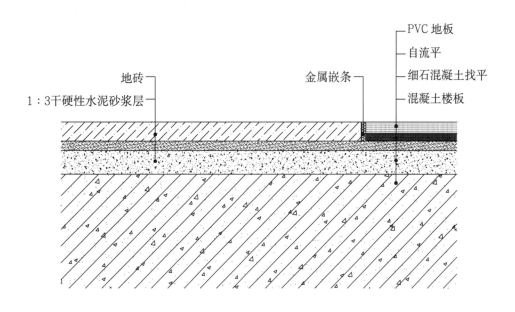

地砖

1：3干硬性水泥砂浆层

金属嵌条

PVC 地板
自流平
细石混凝土找平
混凝土楼板

地砖与 PVC 地板相接节点图

扫 / 码 / 观 / 看
"地砖与 PVC 地板相接"
三维节点动图

地砖与 PVC 地板相接三维示意图

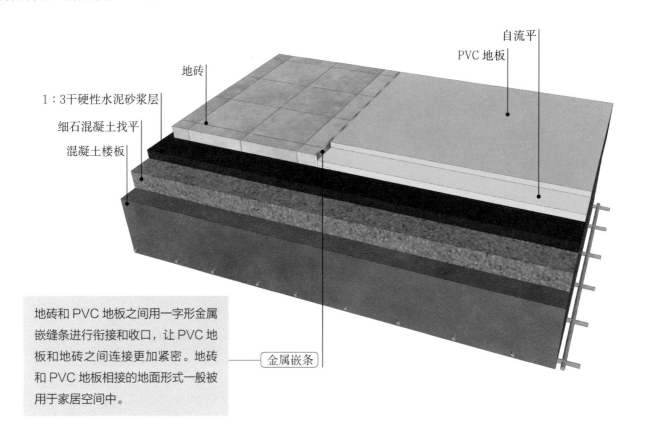

自流平

PVC 地板

地砖

1：3干硬性水泥砂浆层

细石混凝土找平

混凝土楼板

地砖和 PVC 地板之间用一字形金属嵌缝条进行衔接和收口，让 PVC 地板和地砖之间连接更加紧密。地砖和 PVC 地板相接的地面形式一般被用于家居空间中。

金属嵌条

地砖与 PVC 地板相接三维示意图解析

工艺解析

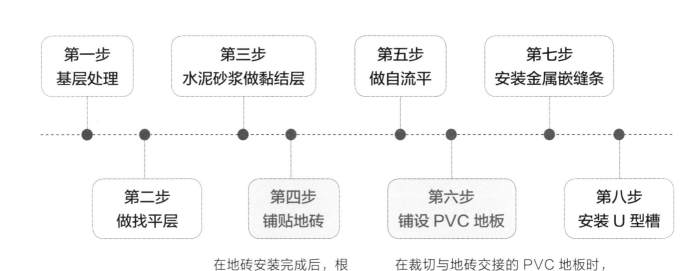

第一步
基层处理

第三步
水泥砂浆做黏结层

第五步
做自流平

第七步
安装金属嵌缝条

第二步
做找平层

第四步
铺贴地砖

第六步
铺设 PVC 地板

第八步
安装 U 型槽

在地砖安装完成后，根据地砖的完成面厚度来确定 PVC 基层的找平厚度。

在裁切与地砖交接的 PVC 地板时，要用手充分压紧材料，并与地砖保留一定的距离，预留出嵌缝条能覆盖的位置。

釉面砖和 PVC 地板将整个大厅分割出来，而且 PVC 地板铺设在了前往前台的路面上，带有一定的指引作用，让第一次来的人能一眼找到前台。

地砖与 PVC 地板相接实景效果图

8.3
地砖与除尘地毯相接

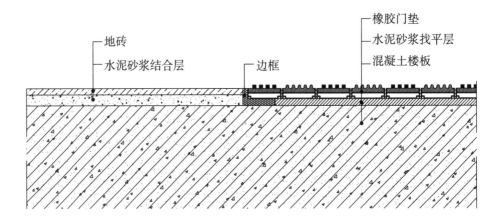

地砖与除尘地毯相接节点图

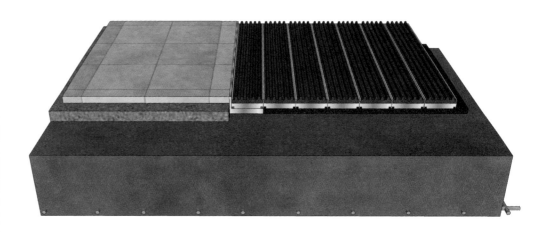

地砖与除尘地毯相接三维示意图

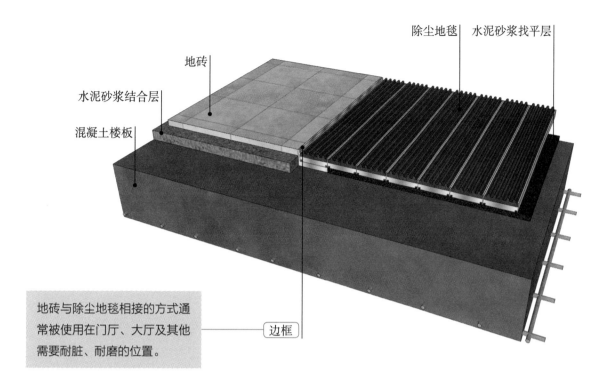

地砖

水泥砂浆结合层

混凝土楼板

除尘地毯 水泥砂浆找平层

地砖与除尘地毯相接的方式通常被使用在门厅、大厅及其他需要耐脏、耐磨的位置。

边框

地砖与除尘地毯相接三维示意图解析

工艺解析

除尘地毯的找平层厚度要根据地砖完成面的厚度进行确定，以保证除尘地毯铺贴完成面与地砖完成面高度一致。

用自攻螺丝将边框固定在找平层上。

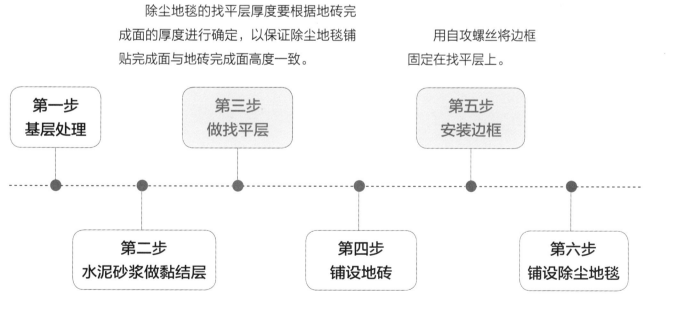

第一步 基层处理	第三步 做找平层	第五步 安装边框
第二步 水泥砂浆做黏结层	第四步 铺设地砖	第六步 铺设除尘地毯

地砖与除尘地毯相接实景效果图

除尘地毯更适用于商场常见的门头位置，
与商场内部的地砖相接，在下雨时也能
有效地吸收水分，避免内部空间脏得过
快，难以保持清洁。

8.4
地砖与不锈钢嵌条相接

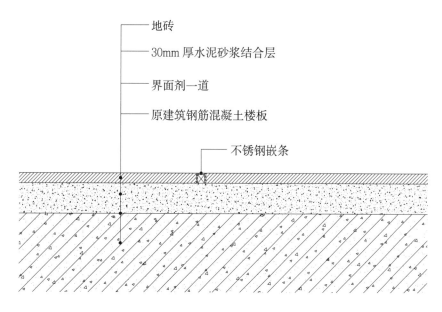

地砖

30mm 厚水泥砂浆结合层

界面剂一道

原建筑钢筋混凝土楼板

不锈钢嵌条

地砖与不锈钢嵌条相接节点图

扫 / 码 / 观 / 看
"地砖与不锈钢嵌条相接"三维节点动图

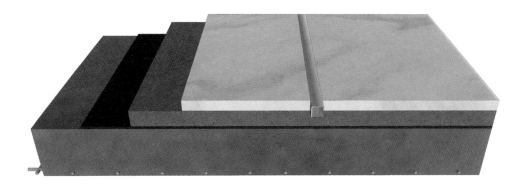

地砖与不锈钢嵌条相接三维示意图

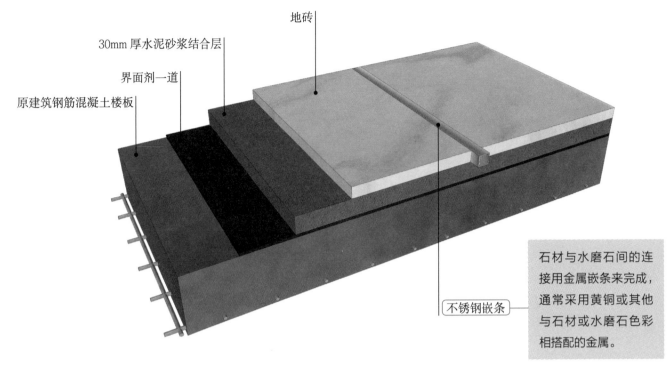

地砖

30mm 厚水泥砂浆结合层

界面剂一道

原建筑钢筋混凝土楼板

不锈钢嵌条

石材与水磨石间的连接用金属嵌条来完成，通常采用黄铜或其他与石材或水磨石色彩相搭配的金属。

地砖与不锈钢嵌条相接三维示意图解析

工艺解析

用云石胶点固或者 AB 胶来安装 1.5mm 厚的拉丝不锈钢嵌条。

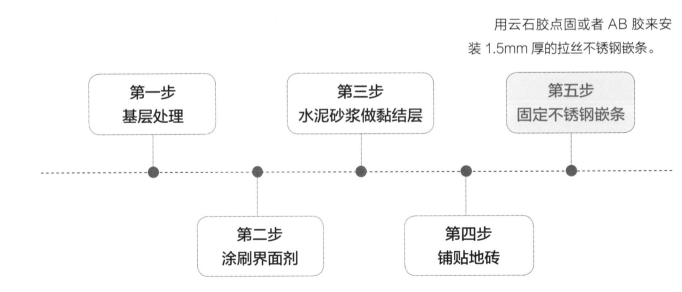

第一步
基层处理

第二步
涂刷界面剂

第三步
水泥砂浆做黏结层

第四步
铺贴地砖

第五步
固定不锈钢嵌条

地砖与不锈钢嵌条相接实景效果图

不锈钢嵌条将地砖根据屏风的分格方式，
分为不同的大小，让地面与其产生呼应，
加强装饰效果。

8.5
地砖—门槛石—石材相接

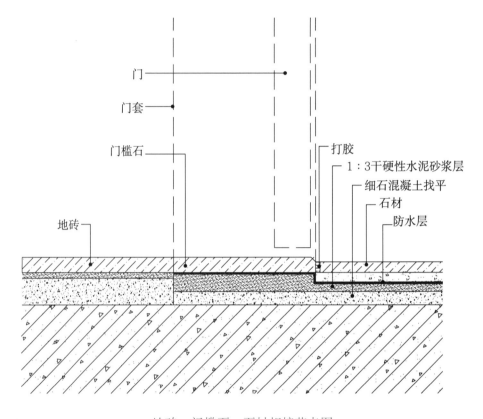

门

门套

门槛石

打胶

1:3干硬性水泥砂浆层

细石混凝土找平

石材

防水层

地砖

地砖—门槛石—石材相接节点图

扫 / 码 / 观 / 看
"地砖—门槛石—石材相接"三维节点动图

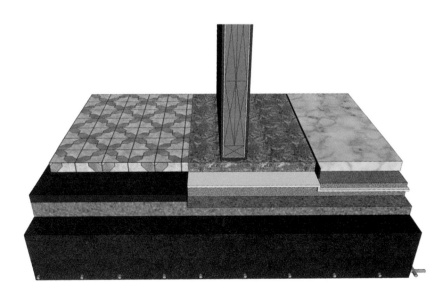

地砖—门槛石—石材相接三维示意图

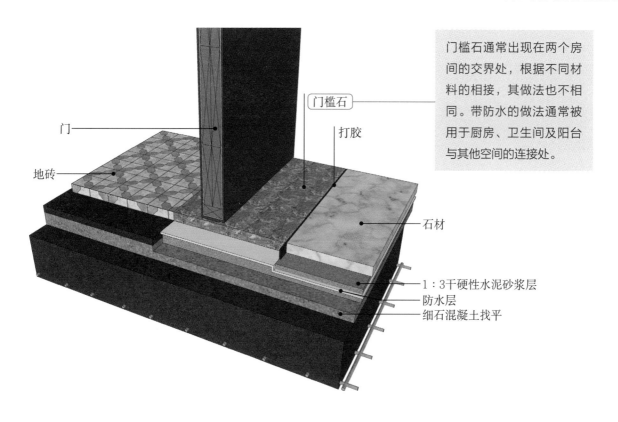

门 ──
地砖 ──
门槛石
打胶
石材
1:3干硬性水泥砂浆层
防水层
细石混凝土找平

门槛石通常出现在两个房间的交界处，根据不同材料的相接，其做法也不相同。带防水的做法通常被用于厨房、卫生间及阳台与其他空间的连接处。

地砖—门槛石—石材相接三维示意图解析

工艺解析

若是有地漏的房间倒坡，必须要找标高，弹线时找好坡度，抹灰饼和标筋时，抹出泛水。

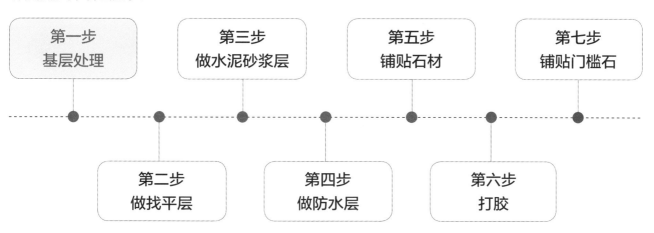

第一步
基层处理

第三步
做水泥砂浆层

第五步
铺贴石材

第七步
铺贴门槛石

第二步
做找平层

第四步
做防水层

第六步
打胶

地砖—门槛石—石材相接实景效果图

像镜面一样的玻化砖，提升了餐厅的亮度，并丰富了光影变化。

8.6
地砖—门槛石—地砖相接

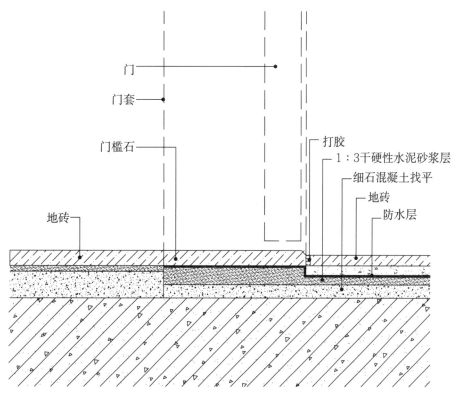

门

门套

门槛石

打胶

1：3干硬性水泥砂浆层

细石混凝土找平

地砖

地砖

防水层

地砖—门槛石—地砖相接节点图

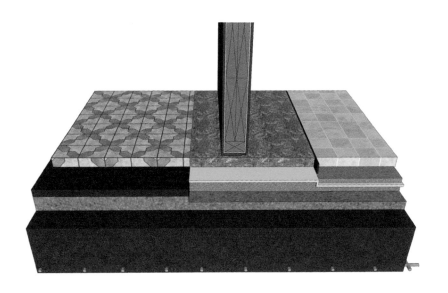

地砖—门槛石—地砖相接三维示意图

扫 / 码 / 观 / 看
"地砖—门槛石—地砖相
接"三维节点动图

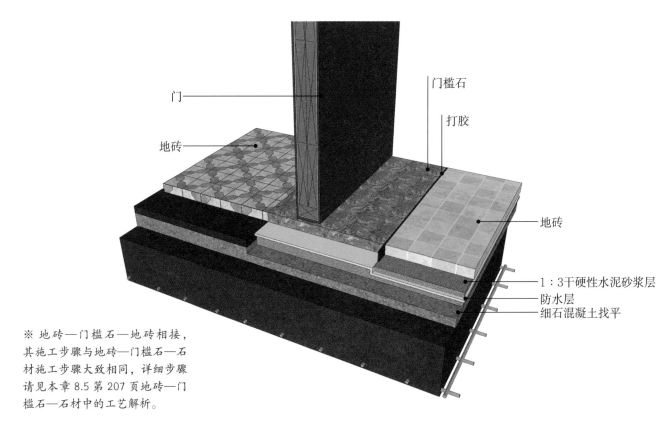

门

地砖

门槛石

打胶

地砖

1：3干硬性水泥砂浆层

防水层

细石混凝土找平

※ 地砖—门槛石—地砖相接，其施工步骤与地砖—门槛石—石材施工步骤大致相同，详细步骤请见本章 8.5 第 207 页地砖—门槛石—石材中的工艺解析。

地砖—门槛石—地砖相接三维示意图解析

对于开放式的门洞，其下方用门槛石可以起到分割不同功能空间的作用。

地砖—门槛石—地砖相接实景效果图

8.7
地砖—门槛石—木地板相接

▶▶ 地砖—门槛石—木地板相接（相平）

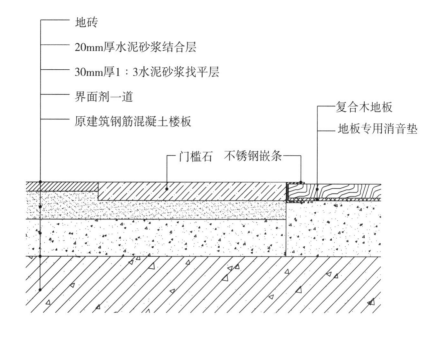

地砖
20mm厚水泥砂浆结合层
30mm厚1∶3水泥砂浆找平层
界面剂一道
原建筑钢筋混凝土楼板
复合木地板
地板专用消音垫
门槛石　不锈钢嵌条

地砖—门槛石—木地板相接（相平）节点图

地砖—门槛石—木地板相接（相平）三维示意图

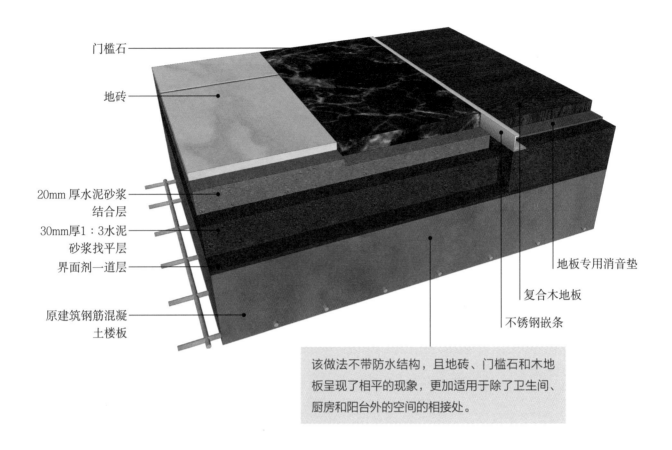

门槛石

地砖

20mm 厚水泥砂浆结合层

30mm厚1：3水泥砂浆找平层

界面剂一道层

原建筑钢筋混凝土楼板

地板专用消音垫

复合木地板

不锈钢嵌条

该做法不带防水结构，且地砖、门槛石和木地板呈现了相平的现象，更加适用于除了卫生间、厨房和阳台外的空间的相接处。

地砖—门槛石—木地板相接（相平）三维示意图解析

工艺解析

U 型收边条既能调节木地板的膨胀率，还能起到衔接和收口的作用。

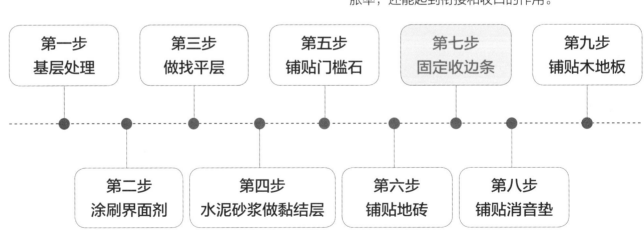

| 第一步 基层处理 | 第三步 做找平层 | 第五步 铺贴门槛石 | 第七步 固定收边条 | 第九步 铺贴木地板 |

| 第二步 涂刷界面剂 | 第四步 水泥砂浆做黏结层 | 第六步 铺贴地砖 | 第八步 铺贴消音垫 |

地砖—门槛石—木地板相接（相平）实景效果图

瓷砖做厨房的地面材料，更加容易清洁，且白色与厨房整体色调更搭。木地板则中和了颜色过冷的厨房空间。

▶▶ **地砖—门槛石—木地板（带止水坎）相接**

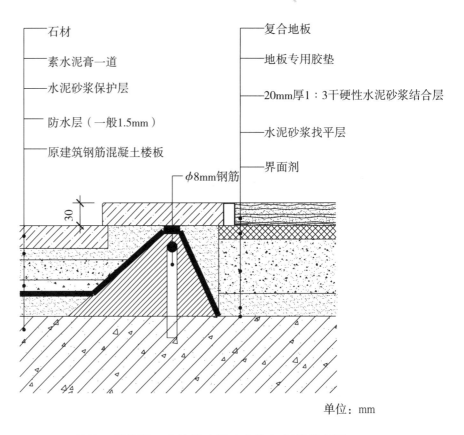

石材
素水泥膏一道
水泥砂浆保护层
防水层（一般1.5mm）
原建筑钢筋混凝土楼板
φ8mm钢筋
30

复合地板
地板专用胶垫
20mm厚1：3干硬性水泥砂浆结合层
水泥砂浆找平层
界面剂

单位：mm

地砖—门槛石—木地板（带止水坎）相接节点图

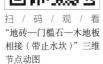

扫 / 码 / 观 / 看
"地砖—门槛石—木地板
相接（带止水坎）"三维
节点动图

地砖—门槛石—木地板相接（带止水坎）三维示意图

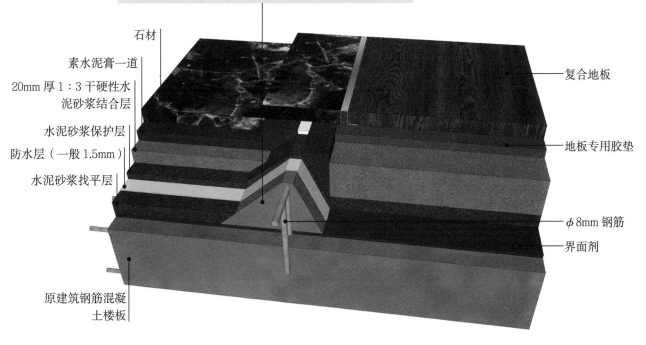

止水坎是装修中做防水的措施，常用于卫生间、厨房、阳台墙面根部等部位，能够有效地防止有水房间的水通过墙根流向另一个房间。因此带止水坎的门槛石做法一般用于卫生间、厨房、阳台这类空间中。

石材
素水泥膏一道
20mm 厚 1:3 干硬性水泥砂浆结合层
水泥砂浆保护层
防水层（一般1.5mm）
水泥砂浆找平层
原建筑钢筋混凝土楼板

复合地板
地板专用胶垫
ϕ8mm 钢筋
界面剂

地砖—门槛石—木地板相接（带止水坎）三维示意图解析

工艺解析

在铺贴石材时要注意坡度。

在临近门槛石的一侧，将木地板进行开企口的工作，如此好让木地板与收口条相贴合。

| 第一步 止水坎施工 | 第三步 防水层施工 | 第五步 水泥砂浆做黏结层 | 第七步 铺贴石材 | 第九步 铺设木地板 |

| 第二步 基层处理 | 第四步 防水保护层施工 | 第六步 素水泥膏一道 | 第八步 固定收口条 |

花岗岩是较为常用的门槛石材料，施工时需注意色彩的协调性及不同材质高度的处理。

地砖—门槛石—木地板相接（带止水坎）实景效果图

8.8
地砖—门槛石—地毯相接

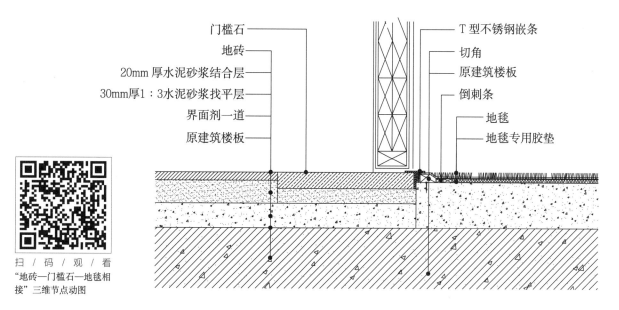

门槛石
地砖
20mm 厚水泥砂浆结合层
30mm厚1：3水泥砂浆找平层
界面剂一道
原建筑楼板

T 型不锈钢嵌条
切角
原建筑楼板
倒刺条
地毯
地毯专用胶垫

扫 / 码 / 观 / 看
"地砖—门槛石—地毯相接"三维节点动图

地砖—门槛石—地毯相接节点图

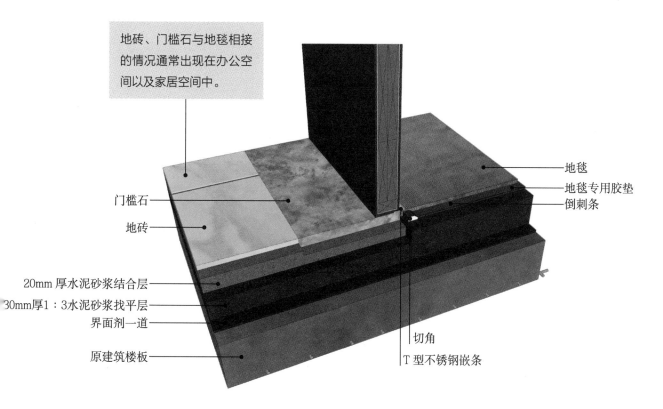

地砖、门槛石与地毯相接的情况通常出现在办公空间以及家居空间中。

门槛石
地砖

地毯
地毯专用胶垫
倒刺条

20mm 厚水泥砂浆结合层
30mm厚1：3水泥砂浆找平层
界面剂一道
原建筑楼板

切角
T 型不锈钢嵌条

地砖—门槛石—地毯相接三维示意图解析

工艺解析

做地毯的找平层时，要根据门槛
石的完成面高度来确定找平层的厚度。

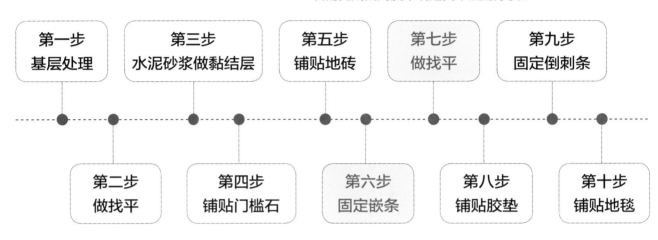

| 第一步 基层处理 | 第三步 水泥砂浆做黏结层 | 第五步 铺贴地砖 | 第七步 做找平 | 第九步 固定倒刺条 |

| 第二步 做找平 | 第四步 铺贴门槛石 | 第六步 固定嵌条 | 第八步 铺贴胶垫 | 第十步 铺贴地毯 |

将 T 型不锈钢嵌条
固定于门槛石的侧边。

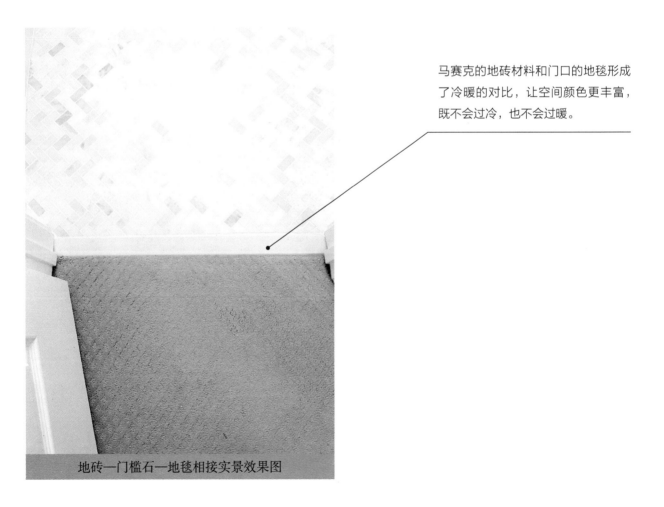

马赛克的地砖材料和门口的地毯形成
了冷暖的对比，让空间颜色更丰富，
既不会过冷，也不会过暖。

地砖—门槛石—地毯相接实景效果图

9

地面木地板与其他材料相接处节点

木地板是常见的地面材料，但在运用时要注意其防火等级，实木地板和实木复合地板只能使用在防火等级不高于 B1 级的居室、商务楼以及公共场所。能与木地板相接的材料众多，两者或三者相搭配能够产生不同的效果，这些相接处的工艺最重要的地方在于衔接处，一般采用不同形状的收边条做收口，在保证美观的同时能够调节木地板的胀缩。

9.1
木地板与自流平相接

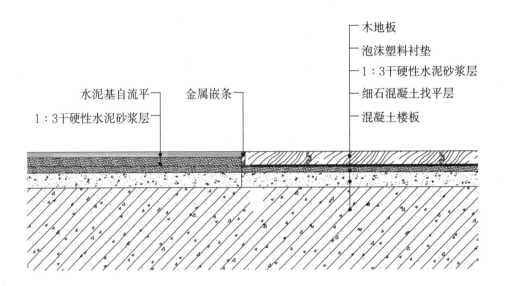

水泥基自流平
1：3干硬性水泥砂浆层

金属嵌条

木地板
泡沫塑料衬垫
1：3干硬性水泥砂浆层
细石混凝土找平层
混凝土楼板

木地板与自流平相接节点图

扫 / 码 / 观 / 看
"木地板与自流平相接"
三维节点动图

木地板与自流平相接三维示意图

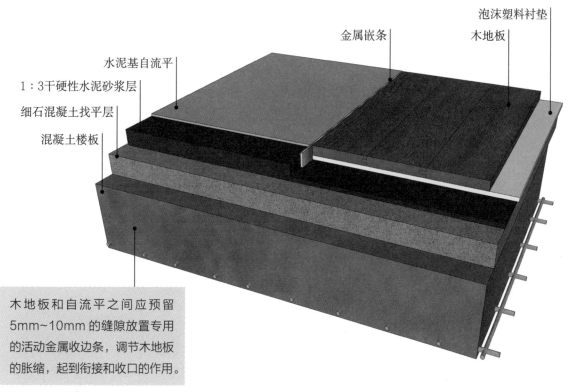

泡沫塑料衬垫

木地板

金属嵌条

水泥基自流平

1:3干硬性水泥砂浆层

细石混凝土找平层

混凝土楼板

木地板和自流平之间应预留5mm~10mm 的缝隙放置专用的活动金属收边条，调节木地板的胀缩，起到衔接和收口的作用。

木地板与自流平相接三维示意图解析

工艺解析

干硬性水泥砂浆是普通制砂浆，塌落度比较低，适合做中间层，多用于铺装工程中。

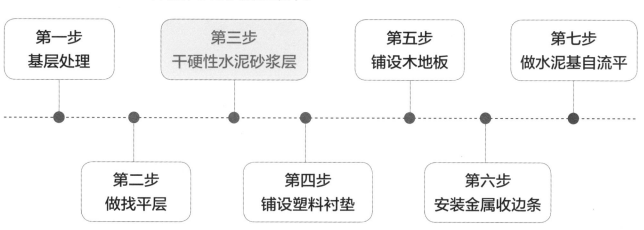

第一步
基层处理

第三步
干硬性水泥砂浆层

第五步
铺设木地板

第七步
做水泥基自流平

第二步
做找平层

第四步
铺设塑料衬垫

第六步
安装金属收边条

厨房区域用了耐脏同时不显脏的自流平，同时将开放区域分成了厨房和客厅两个区域。该做法很适用于不同空间与厨房的交界处。

木地板与自流平相接实景效果图

9.2
木地板与环氧磨石相接

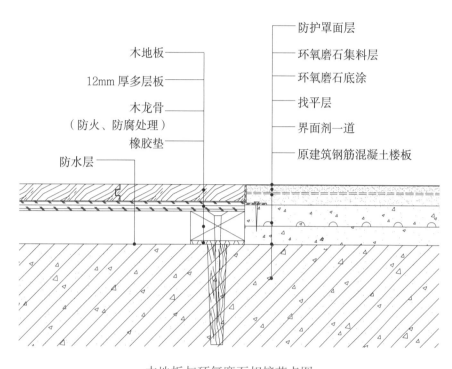

木地板
12mm 厚多层板
木龙骨
（防火、防腐处理）
橡胶垫
防水层

防护罩面层
环氧磨石集料层
环氧磨石底涂
找平层
界面剂一道
原建筑钢筋混凝土楼板

木地板与环氧磨石相接节点图

扫 / 码 / 观 / 看
"木地板与环氧磨石相接"三维节点动图

木地板与环氧磨石相接三维示意图

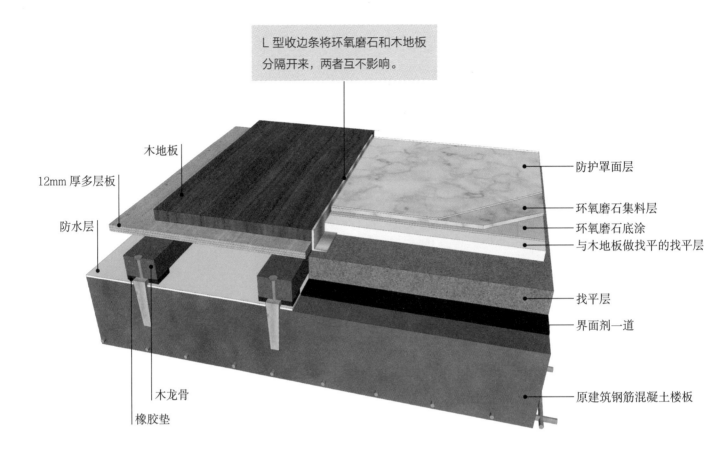

L 型收边条将环氧磨石和木地板分隔开来，两者互不影响。

木地板

12mm 厚多层板

防水层

木龙骨

橡胶垫

防护罩面层

环氧磨石集料层

环氧磨石底涂

与木地板做找平的找平层

找平层

界面剂一道

原建筑钢筋混凝土楼板

木地板与环氧磨石相接三维示意图解析

工艺解析

应在木地板和环氧磨石的交界处多设置一道木龙骨，进而增强地板的稳定性。

铺设木地板时，应离墙保持 10mm 的距离，做伸缩缝，后期可以用踢脚线掩盖。

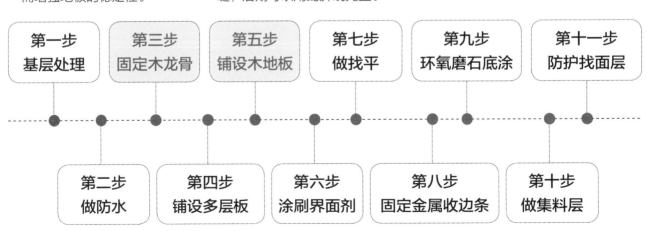

第一步 基层处理

第二步 做防水

第三步 固定木龙骨

第四步 铺设多层板

第五步 铺设木地板

第六步 涂刷界面剂

第七步 做找平

第八步 固定金属收边条

第九步 环氧磨石底涂

第十步 做集料层

第十一步 防护找面层

木地板与环氧磨石相接实景效果图

收边条将环氧磨石隔离成单独的区域
做换鞋区，耐脏、易清洁的环氧磨石
极为适合该区域。

9.3
木地板与地毯相接

▶▶ **木地板与块毯相接**

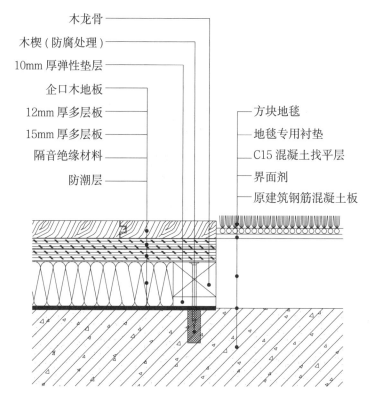

木龙骨
木楔（防腐处理）
10mm 厚弹性垫层
企口木地板
12mm 厚多层板
15mm 厚多层板
隔音绝缘材料
防潮层

方块地毯
地毯专用衬垫
C15 混凝土找平层
界面剂
原建筑钢筋混凝土板

木地板与块毯相接节点图

扫 / 码 / 观 / 看
"木地板与块毯相接"三
维节点动图

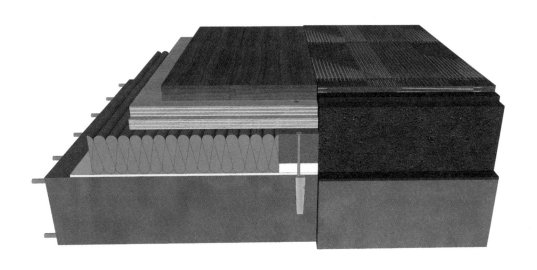

木地板与块毯相接三维示意图

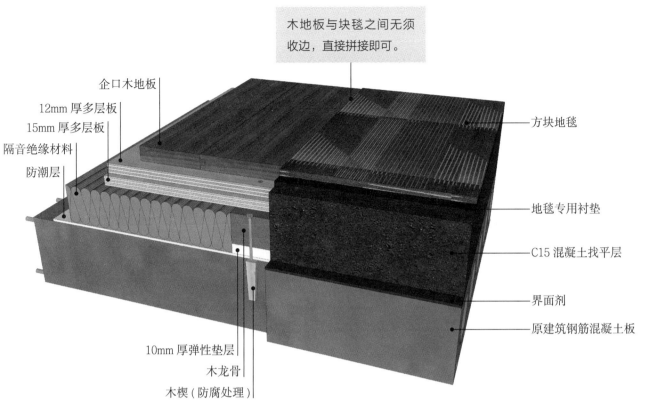

木地板与块毯之间无须收边，直接拼接即可。

企口木地板
12mm 厚多层板
15mm 厚多层板
隔音绝缘材料
防潮层

方块地毯
地毯专用衬垫
C15 混凝土找平层
界面剂
原建筑钢筋混凝土板

10mm 厚弹性垫层
木龙骨
木楔（防腐处理）

木地板与块毯相接三维示意图解析

工艺解析

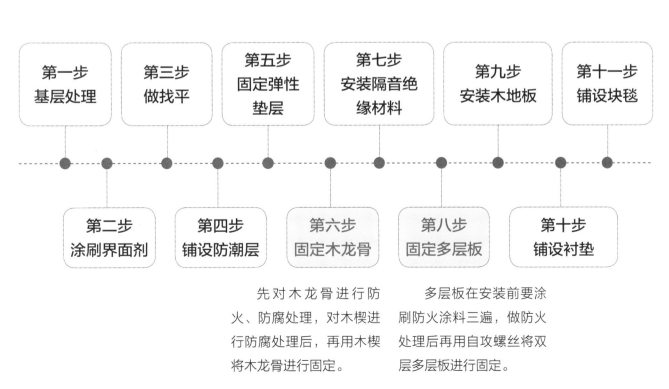

| 第一步 基层处理 | 第三步 做找平 | 第五步 固定弹性垫层 | 第七步 安装隔音绝缘材料 | 第九步 安装木地板 | 第十一步 铺设块毯 |

| 第二步 涂刷界面剂 | 第四步 铺设防潮层 | 第六步 固定木龙骨 | 第八步 固定多层板 | 第十步 铺设衬垫 |

先对木龙骨进行防火、防腐处理，对木楔进行防腐处理后，再用木楔将木龙骨进行固定。

多层板在安装前要涂刷防火涂料三遍，做防火处理后再用自攻螺丝将双层多层板进行固定。

木地板与块毯相接实景效果图

休闲区和走廊通过木地板和块毯两种材质分割开来，让人走在走廊时，会不自觉地避开休闲区，让休闲区的人们不受干扰。且木地板＋天窗＋阳光，更能给人带来休闲、舒适的氛围。

▶▶ 木地板与满铺地毯相接

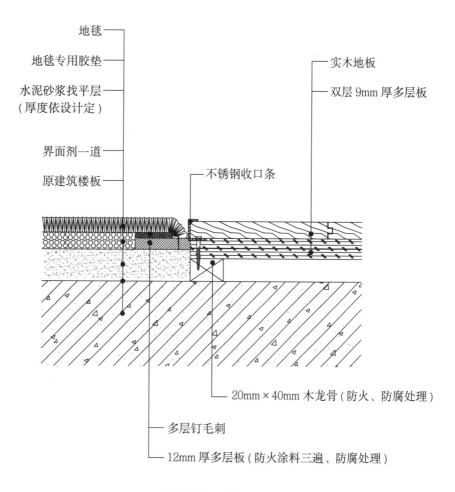

地毯

地毯专用胶垫

水泥砂浆找平层
（厚度依设计定）

界面剂一道

原建筑楼板

不锈钢收口条

实木地板

双层 9mm 厚多层板

20mm×40mm 木龙骨（防火、防腐处理）

多层钉毛刺

12mm 厚多层板（防火涂料三遍、防腐处理）

木地板与满铺地毯相接节点图

扫 / 码 / 观 / 看
"木地板与满铺地毯相
接"三维节点动图

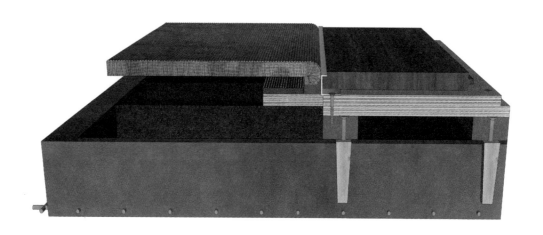

木地板与满铺地毯相接三维示意图

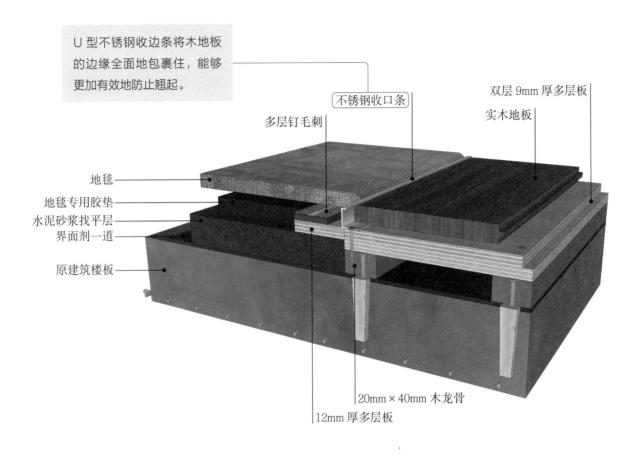

U 型不锈钢收边条将木地板的边缘全面地包裹住，能够更加有效地防止翘起。

不锈钢收口条
多层钉毛刺
双层 9mm 厚多层板
实木地板

地毯
地毯专用胶垫
水泥砂浆找平层
界面剂一道
原建筑楼板

20mm×40mm 木龙骨
12mm 厚多层板

木地板与满铺地毯相接三维示意图解析

工艺解析

在固定多层板之前，先涂刷防火涂料三遍，达到防火的效果。使用的多层板一般为 12mm 厚，多层钉毛刺的厚度一般为 5mm。

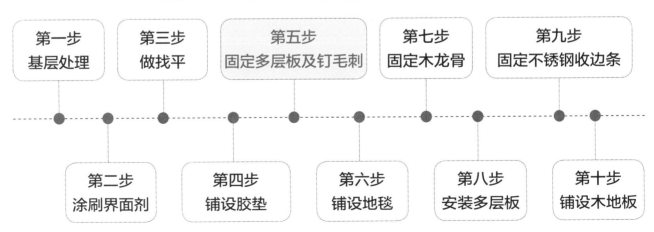

| 第一步 基层处理 | 第三步 做找平 | 第五步 固定多层板及钉毛刺 | 第七步 固定木龙骨 | 第九步 固定不锈钢收边条 |

| 第二步 涂刷界面剂 | 第四步 铺设胶垫 | 第六步 铺设地毯 | 第八步 安装多层板 | 第十步 铺设木地板 |

木地板与满铺地毯相接实景效果图

满铺地毯与木地板相接更适合用于办公空间中，
地毯的区域从视觉上让空间形成了单独的空间，
达到无隔断就能分割空间的目的。

9.4
木地板与玻璃相接

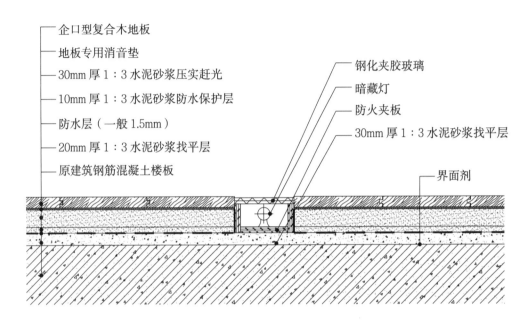

企口型复合木地板
地板专用消音垫
30mm 厚 1:3 水泥砂浆压实赶光
10mm 厚 1:3 水泥砂浆防水保护层
防水层（一般 1.5mm）
20mm 厚 1:3 水泥砂浆找平层
原建筑钢筋混凝土楼板

钢化夹胶玻璃
暗藏灯
防火夹板
30mm 厚 1:3 水泥砂浆找平层
界面剂

木地板与玻璃相接节点图

扫 / 码 / 观 / 看
"木地板与玻璃相接"三
维节点动图

木地板与玻璃相接三维示意图

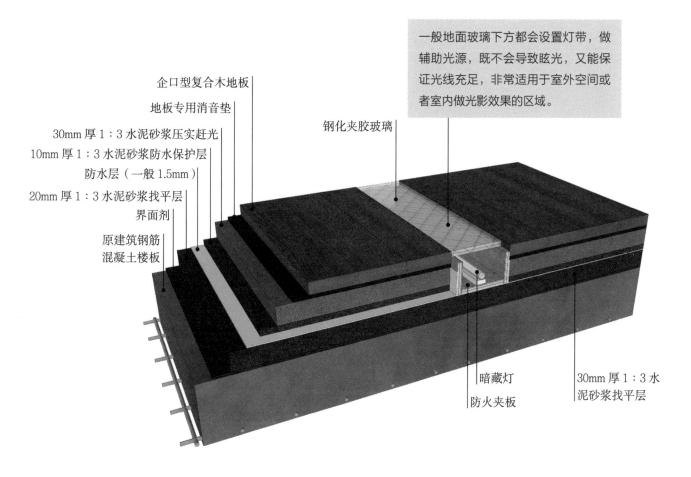

一般地面玻璃下方都会设置灯带，做辅助光源，既不会导致眩光，又能保证光线充足，非常适用于室外空间或者室内做光影效果的区域。

企口型复合木地板
地板专用消音垫
30mm 厚 1：3 水泥砂浆压实赶光
10mm 厚 1：3 水泥砂浆防水保护层
防水层（一般 1.5mm）
20mm 厚 1：3 水泥砂浆找平层
界面剂
原建筑钢筋混凝土楼板

钢化夹胶玻璃

暗藏灯
防火夹板

30mm 厚 1：3 水泥砂浆找平层

木地板与玻璃相接三维示意图解析

工艺解析

用 1：3 的干硬性水泥砂浆
做 10mm 厚的防水保护层。

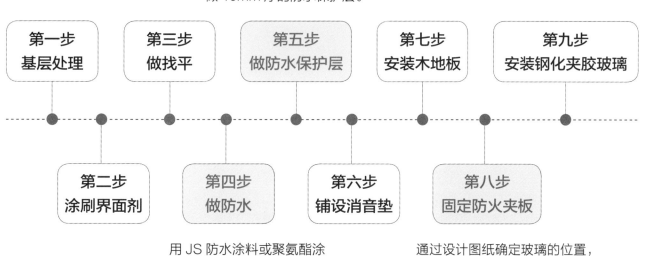

| 第一步 基层处理 | 第三步 做找平 | 第五步 做防水保护层 | 第七步 安装木地板 | 第九步 安装钢化夹胶玻璃 |
| 第二步 涂刷界面剂 | 第四步 做防水 | 第六步 铺设消音垫 | 第八步 固定防火夹板 | |

用 JS 防水涂料或聚氨酯涂膜来做约 1.5mm 厚的防水层。

通过设计图纸确定玻璃的位置，将防火夹板按照位置进行安装。

木地板与玻璃相接实景效果图

玻璃下方安装灯带，在开敞的室外空间保证了
足够的光源，同时这种不同长短的玻璃，给地
面增加了造型，让木地板地面不会过于单调。

9.5
木地板收边处

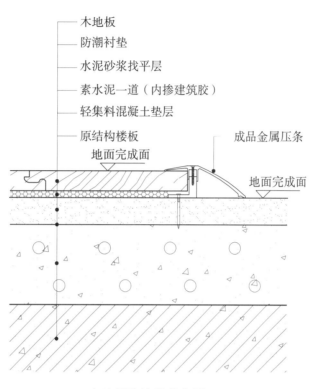

木地板
防潮衬垫
水泥砂浆找平层
素水泥一道（内掺建筑胶）
轻集料混凝土垫层
原结构楼板
地面完成面
成品金属压条
地面完成面

木地板收边处节点图

金属压条比普通收边条都要宽，会很容易起到装饰效果，且能够有效防止木地板的翘起。

扫 / 码 / 观 / 看
"木地板收边处"三维节点动图

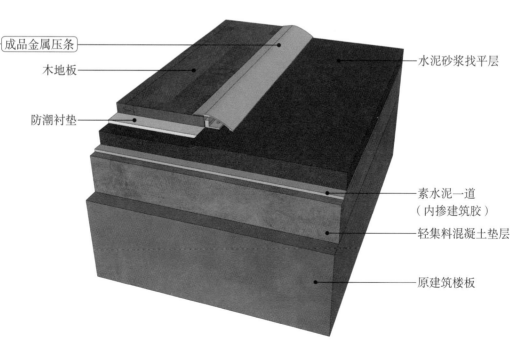

成品金属压条
木地板
防潮衬垫
水泥砂浆找平层
素水泥一道（内掺建筑胶）
轻集料混凝土垫层
原建筑楼板

木地板收边处三维示意图解析

工艺解析

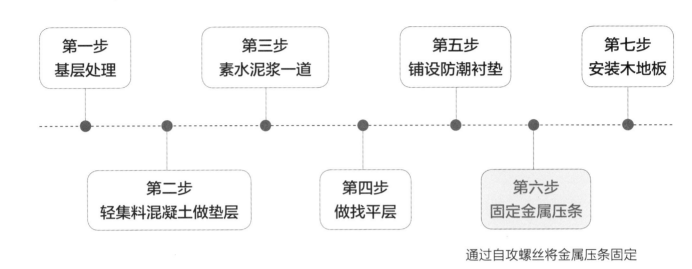

通过自攻螺丝将金属压条固定
在木地板边缘，使其更加稳固。

金属压条除了前面的形式外，还有如实景图这
种双压边的形式，一般用中性玻璃胶进行固定。

木地板收边处实景效果图

9.6
木地板—门槛石—石材相接

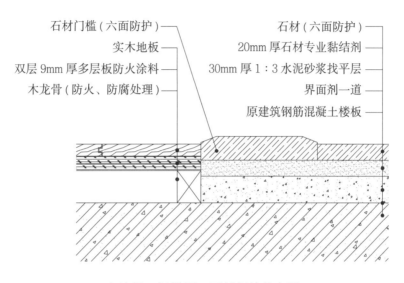

石材门槛（六面防护）
实木地板
双层 9mm 厚多层板防火涂料
木龙骨（防火、防腐处理）

石材（六面防护）
20mm 厚石材专业黏结剂
30mm 厚 1：3 水泥砂浆找平层
界面剂一道
原建筑钢筋混凝土楼板

木地板—门槛石—石材相接节点图

扫 / 码 / 观 / 看
"木地板—门槛石—石材
相接"三维节点动图

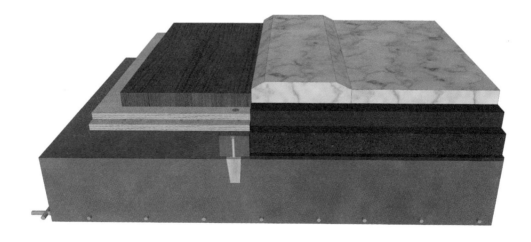

木地板—门槛石—石材相接三维示意图

倒斜边的门槛石收口方式，让人在经过时能够很快地注意到区域的变化，起到提示性的作用，通常用在一些商业空间或者展览空间中。

实木地板

双层 9mm 厚多层板防火涂料

原建筑钢筋混凝土楼板

石材门槛（六面防护）

石材（六面防护）

20mm 厚石材专业黏结剂

30mm 厚 1:3 水泥砂浆找平层

木龙骨（防火、防腐处理）

界面剂一道

木地板—门槛石—石材相接三维示意图解析

工艺解析

在铺设前，对门槛石的石材进行
倒斜边的工艺，然后再将其安装。

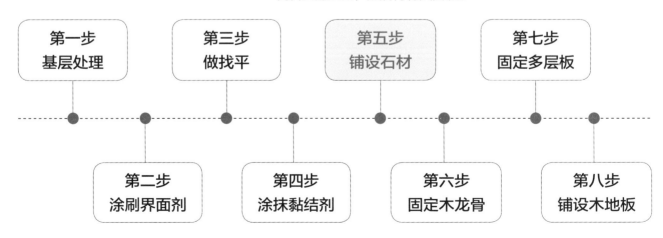

第一步 基层处理	第三步 做找平	第五步 铺设石材	第七步 固定多层板
第二步 涂刷界面剂	第四步 涂抹黏结剂	第六步 固定木龙骨	第八步 铺设木地板

木地板—门槛石—石材相接实景效果图

除了倒斜边的工艺外，门槛石也可做找平，不同颜色的门槛石让空间的区分更加明确，且没有高低的差距，也不容易被绊倒，适用于各类空间。

9.7
木地板—门槛石—地砖相接

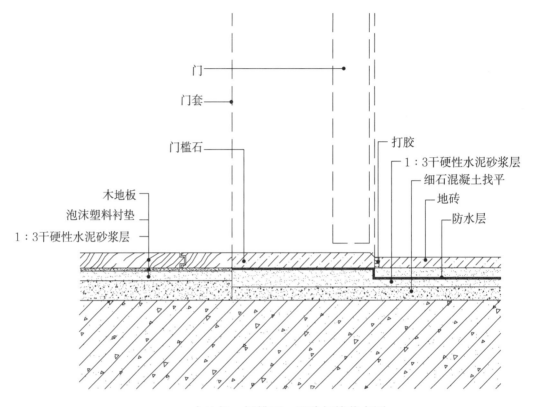

门
门套
门槛石
打胶
1:3干硬性水泥砂浆层
细石混凝土找平
地砖
防水层
木地板
泡沫塑料衬垫
1:3干硬性水泥砂浆层

木地板—门槛石—地砖相接节点图

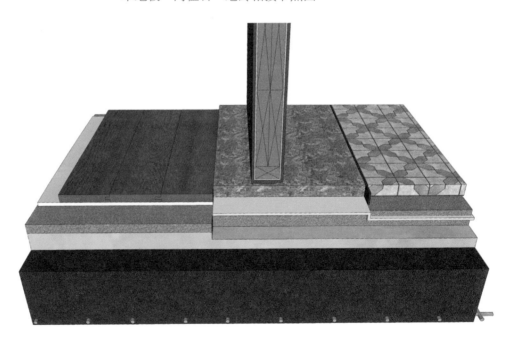

木地板—门槛石—地砖相接三维示意图

扫 / 码 / 观 / 看
"木地板—门槛石—地砖
相接"三维节点动图

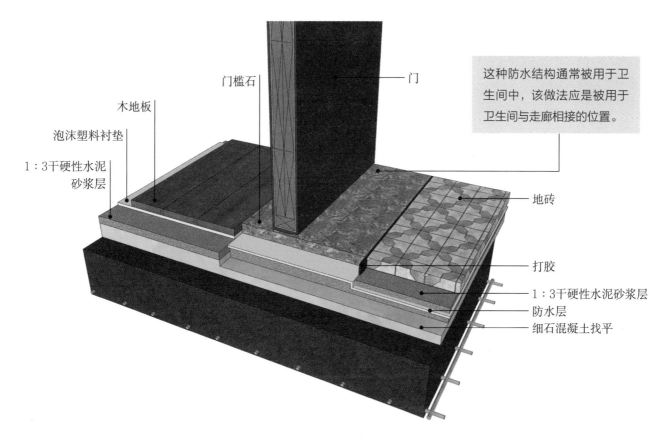

门槛石

门

木地板

这种防水结构通常被用于卫生间中，该做法应是被用于卫生间与走廊相接的位置。

泡沫塑料衬垫

1：3干硬性水泥砂浆层

地砖

打胶

1：3干硬性水泥砂浆层

防水层

细石混凝土找平

木地板—门槛石—地砖相接三维示意图解析

工艺解析

在铺设前，对门槛石的石材进行倒斜边的工艺，然后再将其安装。

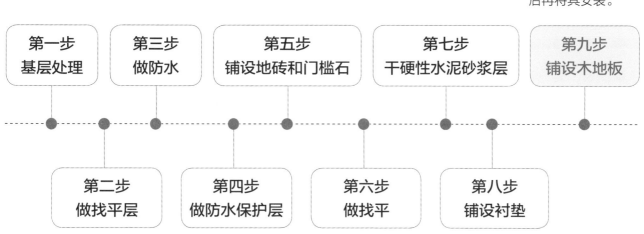

| 第一步 基层处理 | 第三步 做防水 | 第五步 铺设地砖和门槛石 | 第七步 干硬性水泥砂浆层 | 第九步 铺设木地板 |

| 第二步 做找平层 | 第四步 做防水保护层 | 第六步 做找平 | 第八步 铺设衬垫 |

木地板、门槛石与地砖虽
材料不同，但色调统一，
而且表面相平、无凸起。

木地板—门槛石—地砖相接实景效果图

10

地面地毯与其他材料相接处节点

地毯有减少噪声、隔热和改善脚感、防止滑倒的作用，在家居空间中一般会被使用在客厅、卧室等位置，同时也经常被使用在办公空间中，不管是开放式办公区还是独立办公室，使用地毯都能为空间增色，达到良好的装饰效果。本章主要针对地毯与环氧磨石以及门槛石相关的相接处进行详细地讲解。

10.1
地毯与环氧磨石相接

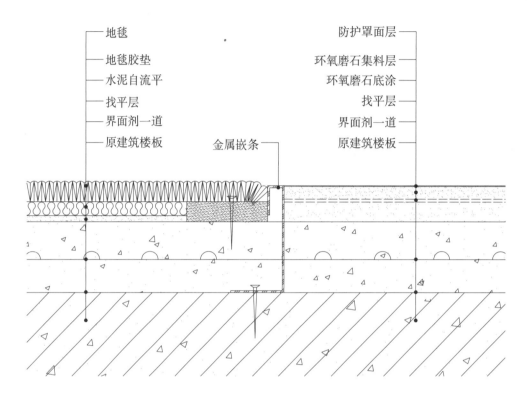

地毯 ——
地毯胶垫 ——
水泥自流平 ——
找平层 ——
界面剂一道 ——
原建筑楼板 ——

—— 防护罩面层
—— 环氧磨石集料层
—— 环氧磨石底涂
—— 找平层
—— 界面剂一道
—— 原建筑楼板

金属嵌条

地毯与环氧磨石相接节点图

扫 / 码 / 观 / 看
"地毯与环氧磨石相接"
三维节点动图

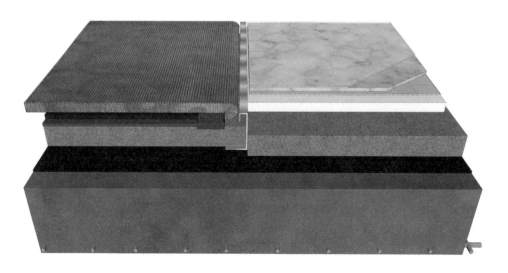

地毯与环氧磨石相接三维示意图

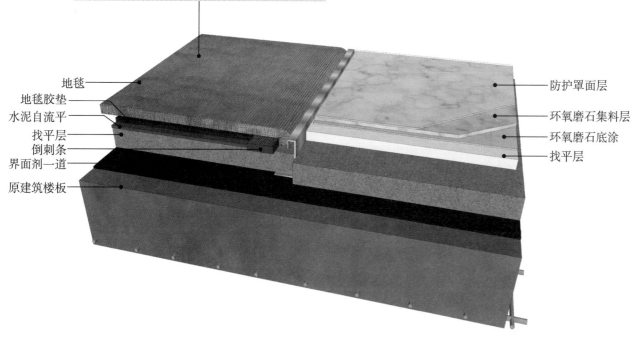

地毯与环氧磨石相接在铺设时要注意，地毯要最后铺设，如此才能够保证环氧磨石施工过程中不会污染到地毯，避免重复清洁。

地毯
地毯胶垫
水泥自流平
找平层
倒刺条
界面剂一道
原建筑楼板

防护罩面层
环氧磨石集料层
环氧磨石底涂
找平层

地毯与环氧磨石相接三维示意图解析

工艺解析

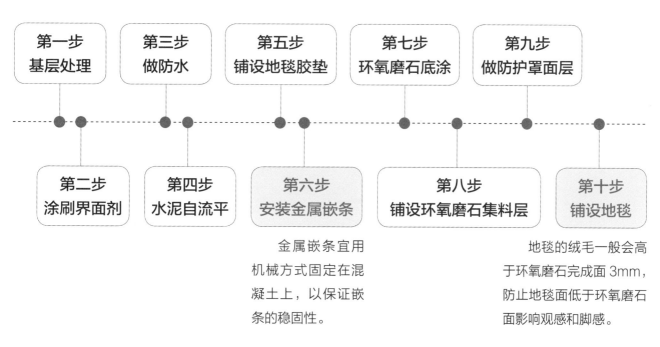

第一步 基层处理
第三步 做防水
第五步 铺设地毯胶垫
第七步 环氧磨石底涂
第九步 做防护罩面层

第二步 涂刷界面剂
第四步 水泥自流平
第六步 安装金属嵌条
第八步 铺设环氧磨石集料层
第十步 铺设地毯

金属嵌条宜用机械方式固定在混凝土上，以保证嵌条的稳固性。

地毯的绒毛一般会高于环氧磨石完成面 3mm，防止地毯面低于环氧磨石面影响观感和脚感。

地毯与环氧磨石相接实景效果图

地毯的色彩与蓝色的墙面让左边的区域在视觉上形成了独立的空间，和走廊的环氧磨石做出了明显的区别。这种相接方式适用在办公空间以及商业空间中。

10.2
地毯—门槛石—石材相接

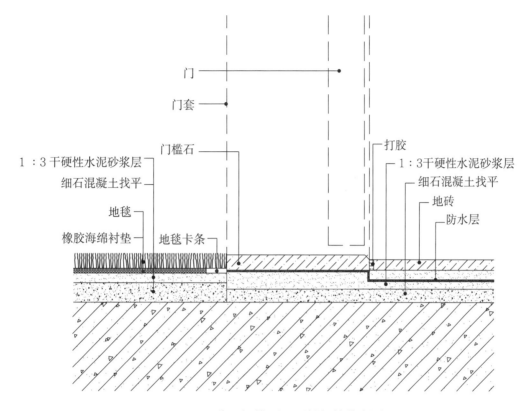

门
门套
门槛石
打胶
1:3干硬性水泥砂浆层
细石混凝土找平
地毯
橡胶海绵衬垫
地毯卡条
1:3干硬性水泥砂浆层
细石混凝土找平
地砖
防水层

地毯—门槛石—石材相接节点图

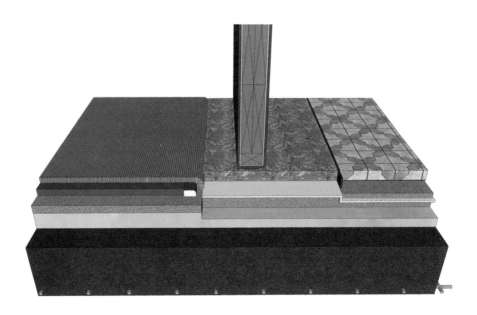

扫 / 码 / 观 / 看
"地毯—门槛石—石材相接" 三维节点动图

地毯—门槛石—石材相接三维示意图

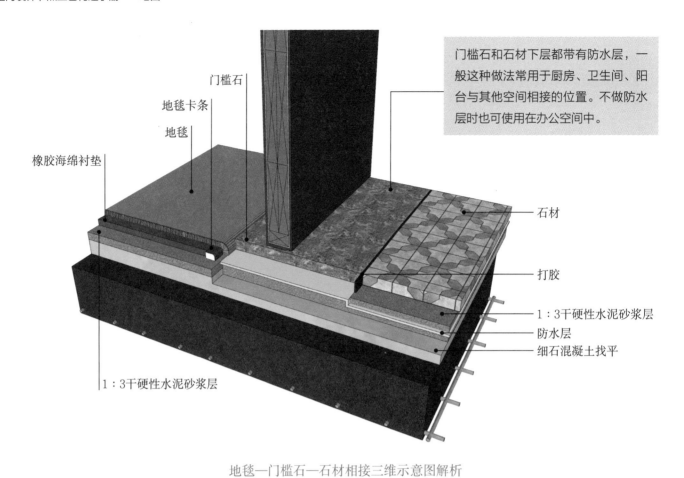

门槛石

地毯卡条

地毯

橡胶海绵衬垫

门槛石和石材下层都带有防水层，一般这种做法常用于厨房、卫生间、阳台与其他空间相接的位置。不做防水层时也可使用在办公空间中。

石材

打胶

1：3干硬性水泥砂浆层

防水层

细石混凝土找平

1：3干硬性水泥砂浆层

地毯—门槛石—石材相接三维示意图解析

工艺解析

石材在铺设时应确保石材表面洁净且图案清晰、色泽一致，以此达到整齐、光滑的装饰效果。

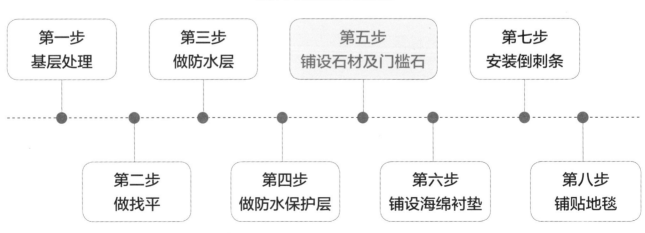

第一步 基层处理

第二步 做找平

第三步 做防水层

第四步 做防水保护层

第五步 铺设石材及门槛石

第六步 铺设海绵衬垫

第七步 安装倒刺条

第八步 铺贴地毯

浅暖色的石材和咖啡色的地毯在色
调上一致，互相搭配，让空间的整
体氛围都是温馨且干净的。

地毯—门槛石—石材相接实景效果图

10.3
地毯—门槛石—地毯相接

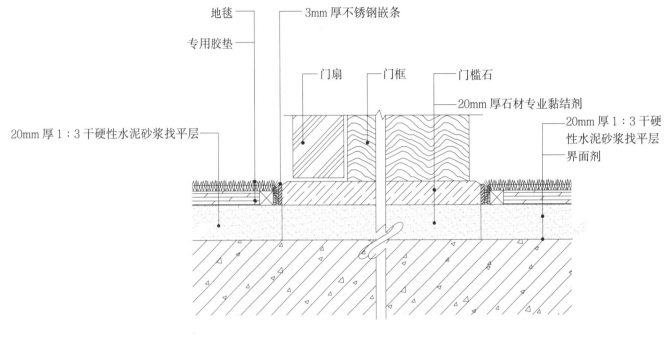

地毯—门槛石—地毯相接节点图

地毯—门槛石—地毯相接三维示意图

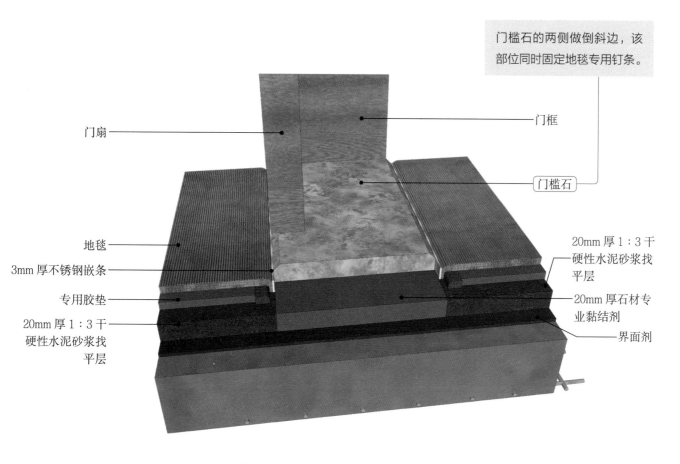

门槛石的两侧做倒斜边，该部位同时固定地毯专用钉条。

门扇

门框

门槛石

地毯

3mm 厚不锈钢嵌条

专用胶垫

20mm 厚 1：3 干硬性水泥砂浆找平层

20mm 厚 1：3 干硬性水泥砂浆找平层

20mm 厚石材专业黏结剂

界面剂

地毯—门槛石—地毯相接三维示意图解析

工艺解析

找平层只做在地毯的铺设区域。

3mm 厚的不锈钢嵌条固定于门槛石的两侧。

地毯在铺贴时，其边角处用专用工具将地毯固定于钉条上。

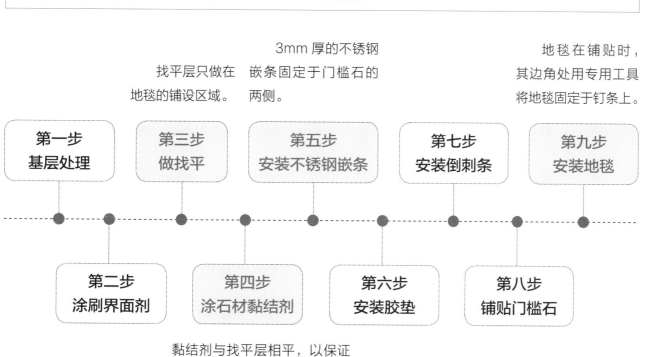

第一步 基层处理

第三步 做找平

第五步 安装不锈钢嵌条

第七步 安装倒刺条

第九步 安装地毯

第二步 涂刷界面剂

第四步 涂石材黏结剂

第六步 安装胶垫

第八步 铺贴门槛石

黏结剂与找平层相平，以保证石材完成面和地毯完成面相平。

地毯—门槛石—地毯相接实景效果图

地毯—门槛石—地毯的做法常见于办公
空间，一些独立办公区和开敞办公区的
交接处或者其他需要做造型的位置。